［华东交通大学教材（专著）基金资助项目］

房屋建筑质量测量不确定度评定

华东交通大学　金学易　陈　鹏　编　著

U0286426

中国建筑工业出版社

图书在版编目（CIP）数据

房屋建筑质量测量不确定度评定/金学易等编著·
北京：中国建筑工业出版社，2012.4
ISBN 978-7-112-14188-3

Ⅰ.① 房… Ⅱ.① 金… Ⅲ.①建筑工程-工程质量-
测量 Ⅳ.① TU712

中国版本图书馆 CIP 数据核字（2012）第 058082 号

房屋建筑质量测量不确定度评定

华东交通大学　金学易　陈　鹏　编　著

*

中国建筑工业出版社出版、发行（北京西郊百万庄）
各地新华书店、建筑书店经销
北京千辰公司制版
北京圣夫亚美印刷有限公司印刷

*

开本：850×1168 毫米　1/32　印张：3⅜　字数：90 千字
2012 年 6 月第一版　　2012 年 6 月第一次印刷
定价：**12.00** 元
ISBN 978-7-112-14188-3
（22255）

全书分 8 章，第 1 章至第 3 章为不确定度估算的基本理论，介绍了测量不确定度的含义及其由来和发展过程，详细论述了测量不确定度与测量误差的区别和联系，以及与不确定度的理论基础有关的误差、概率论和数理统计方面的内容，包括随机变量及其分布、数学期望、残差、误差传播定律、算术平均值的标准差等。论述了测量不确定度的估算方法（即评定方法），包括标准不确定度的评定，以统计分析为基础的 A 类评定方法和以先验概率为基础的 B 类评定方法。第 4 章至第 8 章主要叙述需定量测量的建筑材料和建筑制品及室内空气质量的测量不确定度评定，如钢筋、钢材、砌筑砂浆试块、电线电阻及管材耐压性能的测量不确定度评定及其意义，和测量室内空气质量所常用的仪器分析回归分析法的不确定度评定及其意义。

本书可作为高等院校土建专业讲授《测量不确定度评定》知识之用，也可供从事房屋建筑质量检测的工程技术人员和从事工程监理的技术人员参考。本书前三章不确定度估算的基本理论部分及第 8 章回归分析法的不确定度计算部分也可供高等院校其他工科专业师生及从业人员参考。为了便于教学及读者自学，书中除例题外，还配有习题及参考答案。书末附录中有术语索引及计算不确定度常引用的公式汇总，以便查阅。

＊　＊　＊

责任编辑：王　跃　张　健
责任设计：李志立
责任校对：张　颖　赵　颖

前　　言

国际上自 1995 年起已在计量认证、仪器的校准与检定、生产过程的质量保证、产品的检验和测试、国际贸易、环境监测、科研实验成果的鉴定、实验室认可等领域中全面推广测量结果不确定度估算（即测量不确定度评定）来取代以前所用的误差分析。并以国际计量局（BIPM）等 7 个国际组织名义联合发布《测量不确定度表示指南》，简称《GUM》。从此，国际上约定以测量不确定度评定作为对测量结果可信程度的表示方法。我国 1999 年 1 月经国家质量技术监督局批准引进国际上已通用的测量不确定度评定，并制订了《测量不确定度评定与表示》JJF1059-1999 国家规范，代替过去《测量误差及数据处理》JJF1027-1991 规范中的测量误差部分，供全国在上述各领域中推行，以便与国际接轨。但十多年以来，我国高校工科教学与科研工作中对测量不确定度尚未引起足够的重视和推行。对土建专业而言，也尚缺乏一本阐明测量不确定度理论在工程中具体应用的著作。因此，作者特编著此书，对这一理论及其在房屋建筑工程中的应用作较系统的论述，以供传授给学生之用，并抛砖引玉望有关老师做更深入的探讨与推广。

编者衷心感谢华东交通大学教材（专著）基金评委会主任张坚副校长及各评委的大力支持和关注，以及中国建筑工业出版社编审人员王跃博士、张健博士的热情帮助，使本书得以顺利出版。

本书第 1 章及第 4 章由陈鹏编写，其余各章由金学易编写。由于编者水平所限，书中错误或不妥之处在所难免，敬请广大读者及专家不吝指正。

目　录

第1章　测量不确定度的基本概念

1.1　测量不确定度的由来及发展过程[1]

从事实验的人员都知道，任何实验都不可能达到绝对的准确。这是由于实验所用器具的种种缺陷会形成系统误差。也由于实验者视觉原因，如读数的不稳定等而产生随机误差。系统误差是一固定值，随机误差是随机变量。两者是两个性质不同的数值，在数学上无法解决这两者的合成问题。所以在各国之间、在不同领域之间，这两者误差的合成方法长期不能统一。例如，在1993年以前，美国采用简单的算术相加，以策安全；前苏联采用同时展示，让使用者自己判断；我国则采用两者平方和的方根值进行误差分析。这致使各国对同一产品或同一对象的检测结果缺乏可比性，与当今全球化市场经济的发展不相适应。其实，早在1963年，原美国国家标准局（NBS）现为美国国家标准与技术研究院（NIST）的数理统计专家埃森哈特（Eisenhart）在研究"仪器校准系统的精密度和准确度估计"时，就提出了"测量不确定度"的概念，并受到了国际上普遍重视。不确定度的含义是对校准结果的可靠性的怀疑程度。此后，NBS对测量不确定度的定量表示作了新的发展，并逐渐得到各国许多计量机构的采用。但各国对测量不确定度的具体表示方法并不统一。为此，1980年国际计量局（BIPM）在征求各国意见的基础上再次起草一份建议书《CI-1986》，向各国推荐了不确定度表示的统一方法。为了促进不确定度表示方法在国际上更广泛使用，1993年由国际标准化组织（ISO）的技术顾问组（ISO/TAG4/WG3）起草一份指南性文件，以7个国际组织的名义联合发布《测量不确定度表示指南》（Guide to the Expression on Uncertainty in Measurement），简称《GUM》。这7个国际组织是：国际标准化组织（ISO）、国际计量局（BIPM）、国际法制计量组织（OIML）、国际电工委员会（IEC）、国际理论化学与应用化学联合会（IUPAC）、国际理论物理与应用物理联合会（IUPAP）及国际临床化学联合会（IFCC）。《GUM》在1995年又作了修订和重印发行[2]，一直沿用至今。在该指南中，对术语定义、概念、评定方法和报告的表达方式上都作了更明确的统一规定，它代表了当前国际上表示测量结果及其不确定度的约定做法。《GUM》公布后，美国NIST非常重视，要求美国的科学家和计量工作者必须遵照执行。目前，国际上许多国家的校准实验室和计量机构都使用《GUM》规定的不确定度评定方法。许多全球性和区域性国际组织如国际实验室认可合作组织（ILAC）、欧洲认可合作组织（EA）、亚太实验室认可合作组织（APLAC）、欧洲计量组织（EUROMET）等都强调认同《GUM》。前述7个国际组织及上述国际组织几乎涵盖了所有与计量有关的领域。这充分说明了《GUM》在全球的权威性。

我国于1999年引进"测量不确定度"，1999年中国计量科学院根据《GUM》的基本内容制订了《测量不确定度评定与表示》JJF1059-1999国家规范[3]，经国家质量技术监督局批准，于1999年5月1日起开始实行。我国采用"测量不确定度"来取代过去所用的"测量误差分析"之后，在"计量认证"、"质量认证"、"仪器的校准与检定"、"生产过程的质量保证"、"产品的检验和测试"、"国际商贸"、"环境监测"、"科研实验成果的鉴定"、"实验室认可"等领域都可以与国际接轨。建筑质量检测属于上述"产品的检验和测试"领域，当然应普及"测量不确定度评定"。而且我国已规定实验室技术工作人员应掌握测量不确定度评定方法，作为我国各实验室申报"国家认可"的必要条件之一[4]。

1.2 测量工作中的基本术语及其含义

为便于叙述测量中的各种问题，有必要先说明清楚各常用术语的含义。

1. 可测定的量（measurable quantity）

"量"是现象、物体或物质的一种可定性区别和定量确定的属性。定性区别是指"量"在特性上的差别，又称一般意义上的量，如几何量的长度、力学量的功率等。定量确定是指要确定具体量值的量，又称特定量，如某一根棒的长度、某根导线的电阻等。

2. 量值（value of a quantity）

由一个数乘以度量单位所表示的特定量的大小，如534cm、15kg、−40℃等。

3. 测量（measure）

测量指的是用某种器具或再加上某种计算来确定某特定量的量值。measure 可译为测量、测定、度量等。但应注意这里的测量勿与土木工程中的野外测量（survey）相混淆。

4. 被测定量（measurand）

指的是作为测量对象的特定量，如某根标称值为 1m 长的钢棒，如要求测准到微米量级，则应完整定义为：标称为 1m 长的钢棒在 25.0℃ 和 1 个大气压（101325Pa）时的长度。因为此时温度和压力对钢棒长度的影响已不能忽略。

5. 测量结果（result of a measurement）

由测量所得到的赋予被测定量的量值。它一般是被测定量的最佳估计值，而非真值。在测量结果的完整表述中还应包括测量不确定度。

6. 测量不确定度（uncertainty in measurement）

从词义上看，测量不确定度意为对测量结果的可靠性的可疑程度。《GUM》对测量不确定度定义为："表征合理地赋予被测定的'量'的量值的分散性，并与测量结果相联系的参数。"
"合理地赋予"指的是这个量值是经过合理地测量或测量后再加
以计算而得出的。分散性的含义是测量的结果不是绝对的准确，
并且在同一条件下多次重复测量，每次测量结果也不相同，但
每次测量结果是分散在一定范围之内，这一范围称为分散区间。
不确定度是表征这一分散性的参数，是与测量结果相联系的，
表示测量质量的高低。例如，两个人对同一"量"进行测量，
则不确定度较大的那个人，其测量质量较低。

7. 评定（evaluation）

词义是寻找某物的值（finding the value of something），其寻
找的方法是按一定的规则进行计算，而计算中所用的数值有一
定估计的成分，例如认为压力试验机读数盘刻度的分辨率为1/5
分格，这是估计出来的。所以"评定"不能理解为按某些标准
进行讨论式的评定，而应理解为"估算"比较妥当。不过，我
国最初引进不确定度规范的计量专家已译为"测量不确定度评
定"，也只好沿用下去了，本书以后篇幅中也采用这一术语。将
估算写成评定，只要读者明白其意义即可。

1.3 测量不确定度的应用示例

在1.1节中已提到采用测量不确定度后，商贸工作可与国际
接轨。现举一实例说明：我国进口一批钢筋，其性能合格标准
为抗拉强度 $R_m \geq 370MPa$。经海关委托国内某试验室测量结果为
$R_m = 370.5MPa$，U_{95}（R_m）$= 3.5MPa$，$k = 1.65$。如单从极限强
度的测得值来看，$R_m = 370.5MPa$ 大于370MPa，本可判定为极限强
度性能合格。但如考虑到不确定度，情况就不一样了。$U_{95}(R_m) =$
3.5MPa，$k = 1.65$ 表示置信概率为95%的不确定度为 $U = 3.5MPa$。
换言之，（370.5 - 3.5）MPa $< R_m <$（370.5 + 3.5）MPa，即367MPa
$< R_m < 374MPa$ 的概率为95%。那么，该批钢筋的极限强度 $R_m <$
370MPa 的概率是多少？这就要根据随机误差的概率密度分布函

4

数来计算（详见 2.4 节）。本书以后会证明当 $k = 1.65$，概率密度分布函数为直线时，该批钢筋 $R_m < 370\text{MPa}$ 的概率为 $[(370 - 367)/(374 - 367)] \times 95\% = 40.7\%$。可见，如不考虑不确定度，该批钢筋本可判断为极限强度合格的产品；考虑到不确定度后，不合格的概率竟达 40.7%，那问题就比较严重了，我方完全有理由要求对方退货或给予一定补偿。

同样，在环境监测工作中采用不确定度也很重要。如测量出环境中某污染物浓度 c_0 小于允许值 c_k，本可认为污染没有超标，但计及不确定度后，可发现不超标的标准要比 $c_0 < c_k$ 严格得多（详见 8.2 节）。

1.4　测量不确定度与测量误差的区别与联系

测量不确定度与测量误差都是评价测量结果质量高低的重要指标，但两者既有区别又有联系。误差是测量结果与真值之差，它是以真值为中心。由于一般难以知道真值，所以误差只是一个理论上的概念，难以定量。有时为将误差定量起见，采用以真值的近似值即约定真值为中心，于是误差近似值为测量结果与约定真值的差值。当测量结果大于约定真值时，误差近似值为正值，反之，如测量结果小于约定真值时，误差近似值为负值。误差近似值是一个确定的值，可用来对测量结果进行修正。如约定真值为已知，则只要测量一次，就可得出该次测量的误差近似值。测量不确定度是以测量结果的最佳估计值为中心，最佳估计值是通过实测并加以一定的计算而求得的。测量不确定度是通过一定方法估算出测量结果的分散区间，是可以定量的。测量不确定度代表测量结果的分散性，是一个区间的半宽度，即测量结果是以最佳估计值为中心，分散在这一区间内，该区间的大小则是计算出来的并带有某种确定的概率。例如，某钢筋的抗拉强度的最佳估计值为 $R_m = 370.5\text{MPa}$，不确定度 $U_{95}(R_m) = 3.5\text{MPa}$，表示测量结果是以 370.5MPa 为中心，分散在7.0MPa长的区间内，其概率为95％。不确定度无正负号，它不能与最佳估计值代数相加，不能对最佳估计值进行修正。

误差理论是评定不确定度的基础。测量不确定度的评定方法中，有许多地方是从误差理论引申出来的。只有对误差的性质、分布规律、误差的传播等有充分的了解，才能更好地评定测量不确定度的各个分量，正确地算得测量结果的不确定度。所以，下章先简述一些误差理论以供参考。

本 章 小 结

1. 采用测量不确定度之后，我国国际商贸中的进出口商品的合格概率可提高到95％，使商品的质量得到有效的保证。在科研实验成果的鉴定中采用测量不确定度之后，可使科研实验的成果得到国际上的认同。而且也有利于促进科研实验准确程度的提高。在环境监测中采用测量不确定度之后，如涉及不同国家之间的利害关系时，有了科学判断的可靠依据。总之，在各测量领域中都可与国际接轨。

2. 学习掌握有关测量不确定度评定方法的知识，对实验工作人员来说很重要，是申请国家认可实验室的必要条件之一。"国家认可"是一个实验室技术水平的重要标志。国家认可实验室所发出的测量报告可得到国际上的认同。

3. 测量不确定度与过去常用的测量误差分析既有联系又有区别，前者是后者的引申和发展。测量不确定度以国际约定的规则合理地解决了随机误差与系统误差的合成问题。详见第3章小结第6点。

第 2 章　测量误差理论简述

2.1　误差的定义与分类

1. 误差定义

测量误差是指测得值与被测定量的真值之差。

即　　　　　测量误差 δ ＝ 测得值 X － 真值 L

然而，真值除非能从理论上证明（例如一个三角形内角和的真值为 $180°$），否则只有靠极完善的测量才能测得。而极完善的测量一般又是不可能的。所以实际上常把用高一级精度的器具测得值认为是"约定真值"。例如用水银温度计测得某一温度为 $20.3℃$，该温度用高一级精度的温度计测得值为 $20.2℃$。因后者的精度高，故可认为 $20.2℃$ 更接近于真实温度，即以它为"约定真值"。于是水银温度计的测量误差 $\delta = 20.3 - 20.2 = +0.1℃$，这样算出的误差称为绝对误差。也可用测得值的最佳估计值作为约定真值。

为便于判断对两个或两个以上不同物体的同一物理量的测量准确程度，常引用相对误差。

相对误差 $\delta_r = \dfrac{\text{绝对误差}\,\delta}{\text{约定真值}\,L} \approx \dfrac{\text{绝对误差}\,\delta}{\text{测得值的最佳估计值}\,\overline{X}}$

例如，对第一个物体测得其长度 $\overline{L_1} = 100\text{mm}$，绝对误差 $\delta_1 = 0.02\text{mm}$；对第二个物体测得其长度 $\overline{L_2} = 200\text{mm}$，绝对误差 $\delta_2 = 0.03\text{mm}$。从表面上看，第二个物体长度测得值绝对误差比较大，但如计算相对误差，则测量第一个物体长度的相对误差 $\delta_{1r} = \dfrac{0.02}{100} = 0.02\%$；测量第二个物体长度的相对误差 $\delta_{2r} = \dfrac{0.03}{200} = $

0.015%。这说明测量第二个物体长度更准确一些。

2. 误差的分类

误差按其性质可分为三类：

（1）过失误差（差错），又称粗差，是指由于测量中一时疏忽而产生的差错。例如读错了数、记错了数或算错了数。也可能由于测量条件的突然巨大变化（如电测时电源电压突然巨大升高或降低及机械冲击等）。粗差的数值很大，明显歪曲了测量结果。故应按随机误差的可能范围进行判别，并将粗差从测量结果数列中予以剔除。详见本章第 2.4 节第 2 段。

（2）系统误差，由于测量的仪器设备的缺陷或测量方法不当等原因而产生的误差。其特征是在相同条件下，多次测量同一个量时，该误差的大小与正负号保持不变，或在测量条件改变时，该误差按某一固定的规律变化。例如用一根刻度为 300mm 而实际长度为 306mm 的钢尺去量某一长度 L，于是每次测得值都存在系统误差 $e_s = L - \dfrac{306}{300} \times L = -0.02L$，因此要设法对测得值进行修正，以消除系统误差，如不便修正时，应设法估算系统误差对测量结果的影响。

（3）随机误差，它是由于测量者视觉的原因（如瞄准读数的不稳定等）或实验条件的偶然性微小变化（如温度的微小波动，地面振动等）所引起的。其特征是在相同的测量条件下，多次测量同一个量时，误差的绝对值和正负符号变化没有确定的规律，即前一个误差出现后，不能预计下一个误差的大小和正负号。但就全部测得值的随机误差的总体而言，却具有如下统计规律性：

（a）正误差与负误差出现的机会相等，称为误差的对称性。

（b）绝对值小的误差比绝对值大的误差出现的机会多，称为误差的单峰性。

（c）在一定的测量条件下，误差的绝对值不超过一定的限度，称为误差的有界性。

为了说清楚上述这些随机误差的特性，以及如何计算随机误差，需引用一些数理统计学方面的知识。

2.2 随机变量及其分布[5]

1. 随机试验和随机变量

在数理统计学中将具有以下三个特性的试验称为随机试验。

（1）这个试验可以在相同的条件下，多次重复地进行（例如掷一颗骰子，观察出现点数试验）。

（2）每次试验可能出现的结果不止一个（即掷骰子可能出现1点，也可能出现2点等），但事先能知道所有可能的结果（例如掷骰子所有可能出现的结果共有6种：即出现点数为1、2、……、6中的某一点数）。

（3）进行一次试验之前不能确定哪一个结果会出现。

测量某一物体的长度也是一种随机试验。因为它符合特性（1），可以多次重复试验。也符合特性（2），其测量结果是在一定范围内的某一测得值，这一范围可以事先知道。它也符合特性（3），由于随机误差的存在，测量之前不知道测量结果，而且每次测量结果都不相同。

在随机试验中，它的每一个可能出现的结果，称为随机事件中的基本事件。例如，上述掷骰子的试验中"出现1点"、"出现2点"、……、"出现6点"就是基本事件，所有基本事件所组成的集合称为样本空间。例如，掷骰子试验的样本空间为s $\{1、2、3、4、5、6\}$，一般用 s $\{e\}$ 表示，e 代表样本空间元素。对于每一个 e，都有一个实数区 (e) 和它对应。由于试验结果的出现是随机的，因而函数 X (e) 的取值也是随机的，我们称 X (e) 为随机变量。上述长度的测得值和随机误差也都是随机变量。

2. 随机变量的分布

现以在相同测量条件下，对某一钢材圆棒的直径测量100

次，得到 $n = 100$ 个的测得值 x_1、x_2、……、x_{100} 为例，说明随机变量的分布规律[6]。

为了便于统计，我们把 100 个测得值及其算术平均值 $\overline{X} = 20.321\text{mm}$ 绘在图上。以测量的序数 i 为纵坐标，以测得值 X_i 为横坐标。在坐标图上绘出 100 个点。如图 1 所示。该图称为"测量点列图"。图中 $X_{\min} = 20.06\text{mm}$（$i = 26$），$X_{\max} = 20.61\text{mm}$（$i = 82$）。从图上可见，测得值大部分集中在其算术平均值附近。测量值大小的出现呈随机性，与测量的序号无关。例如 $X_{\min}$ 出现在 $i = 26$（第 26 次测量），而不是出现在 $i = 1$（第 1 次测量）。

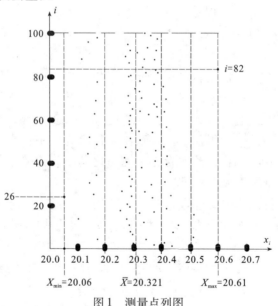

图 1　测量点列图

现再将测得值按大小顺序从 $X_{\min} = 20.06\text{mm}$ 到 $X_{\max} = 20.61\text{mm}$ 划分为 11 组，即 11 个子区间，组距 $\Delta X = 0.05\text{mm}$，用每组出现的测得值的个数（称为频数）m_i 为纵坐标，以子区间中点的测得值 X_i 为横坐标，加上子区间的两边界，绘成统计直方图，如图 2 所示。

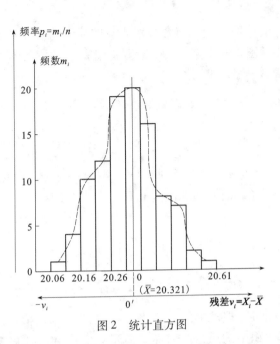

图 2　统计直方图

绘图所用的数据列于表 1 中（$n = 100$）。

测量钢材圆棒直径统计数　　　　　表 1

子区间号	子区间中点测得值 X_i（mm）	残差 $X_i - \bar{X} = v_i$（mm）	频数 m_i	频率（%）$p_i = m_i/n$
1	20.085	-0.236	1	1.00
2	20.135	-0.186	4	4.00
3	20.185	-0.136	10	10.00
4	20.235	-0.086	12	12.00
5	20.285	-0.036	19	19.00
6	20.335	+0.014	20	20.00
7	20.385	+0.064	16	16.00
8	20.435	+0.114	8	8.00
9	20.485	+0.164	7	7.00
10	20.535	+0.214	2	2.00
11	20.585	+0.264	1	1.00
	$\bar{X} = \sum\limits_1^{11} X_i p_i = 20.321$	$\sum\limits_1^{11} v_i p_i = 0$	$n = 100$	$\sum \left(\dfrac{m_i}{n} \right) = 100\%$

11

如将坐标原点沿 X 轴右移到各测得值的算术平均值 $\overline{X}=20.321$ 处（图 2 的 $0'$ 点），则横坐标上所表示的值为各次测得值 X_i 与其算术平均值 $\overline{X}$ 之差，称为残差，即残差 $v_i = X_i - \overline{X}$。$\left(\dfrac{m_i}{n}\right)$ 为某一 ΔX_i 区间中的测得值 X_i 在该子区间的频率 p_i，而 $\left(\dfrac{m_i}{n\Delta X}\right)$ 则称为频率密度。注意到 $\left(\dfrac{m_i}{n\Delta X}\right)$ 的值不论 ΔX 取大或取小，对某一子区间而言，均几乎保持不变，其值只与 X_i 有关。例如上例中将 ΔX 由 0.05 改为 0.025，则各子区间的频数 m_i 也对应地大约均减少一半。当 n 无限增大（即测量次数无限增多），而 ΔX 无限缩小时，频率 $\left(\dfrac{m_i}{n}\right)$ 将成为概率 p，而频率密度 $\left(\dfrac{m_i}{n\Delta X}\right)$ 则成为概率密度 $f(X)$，即 $\lim\limits_{\substack{n\to\infty \\ \Delta x\to 0}}\left(\dfrac{m_i}{n\Delta X}\right)=f(X)$。概率密度的概念可以与物理学中的"线密度"的概念相比拟。密度原指的是单位体积中的质量。但如果质量是分布在一线段上，则单位长上的质量就称为线密度 ρ_1，线段上的某一子区间的质量为 $M_1 = \rho_1 \Delta X$。同理，如果知道了概率密度的函数 $f(X)$，就可认为测得值 X 在子区间范围内的概率为 $f(X)\mathrm{d}x$。当上例中的测量次数 n 增多到无穷大时，图 2 的各直方柱顶部中点所连接成的折线（图中的虚线）将成为一曲线。该曲线就是概率密度曲线。$f(X)$ 称为概率密度函数，简称为概率密度。

概率密度具有如下性质：

（1）$f(x) \geqslant 0$，这是因为随机变量任何子区间存在的概率总是大于零。其极限为 0，表明没有出现的可能。

（2）$\int_{-\infty}^{+\infty} f(x)\mathrm{d}x = 1$，即各个事件出现的概率的总和为 100%。

（3）$\int_{X_1}^{X_2} f(x)\mathrm{d}x = p\{X_1 < X \leqslant X_2\}$，表示随机变量 X 在区间 $[X_1 、 X_2]$ 的概率为 p，p 称为置信概率，又称置信水平，$[X_1 、 X_2]$ 称为置信区间。

2.3 数学期望、残差与标准差

数学期望和标准差都是随机变量的重要数字特征。在测量工作中，我们最关心的是测量结果的最佳估计值（加权算术平均值）为多少，以及每次测量的测得值与最佳估计值的偏离程度。随机变量总体的最佳估计值在数理统计学中称为数学期望，而测得值与最佳估计值偏离程度则用标准差表示。所以有必要简述一下这两种数值的计算及表示法。

1. 数学期望

设某一物体长度的真值为 L，现对该长度测量 n 次，其测得值为 X_1、X_2、……、X_n，于是每次测量的误差为：

$\delta_1 = X_1 - L$

$\delta_2 = X_2 - L$

……

$\delta_n = X_n - L$

以上式子可简写成 $\delta_i = X_i - L$（$i = 1 \sim n$）

将上列各式相加得 $\delta_1 + \delta_2 \cdots\cdots + \delta_n = X_1 + X_2 \cdots\cdots + X_n - nL$

即
$$\frac{\sum_{i=1}^{n} \delta_i}{n} = \frac{\sum_{i=1}^{n} X_i}{n} - L = \overline{X} - L \tag{1}$$

注意到绝对值相同的随机误差的正值与负值出现的机会相等，

因此 $\lim\limits_{n \to \infty} \left(\dfrac{\sum\limits_{i=1}^{n} \delta_i}{n} \right) = 0$

于是当测量次数 n 为无限多时，测得值的算术平均值 $\lim\limits_{n \to \infty} \overline{X} =$ 真值 L。

在数理统计学中，把随机变量考虑每一变量的出现概率后的加权算术平均值称为数学期望，并用 $E(X)$ 符号表示。

对离散型随机变量 $E(X) = \sum_{i=1}^{\infty} X_i \left(\dfrac{m_i}{n} \right) = \sum_{i=1}^{\infty} X_i p_i$ \qquad (2)

【例1】以表 1 测量钢材圆棒直径统计数，求该钢材圆棒直径的数学期望。

【解】$\overline{X} = \sum_{i=1}^{100} \frac{X_i}{100} = \frac{X_1 + X_2 \cdots\cdots + X_{100}}{100} = 20.321\text{mm}$。

如将这 100 个测得值组合成 11 个子区间，这 11 个子区间中点的测得值则成为 11 个频率不同的随机变量，其数学期望由（2）式得：

$$E(X) = \sum_{i=1}^{11} X_i \left(\frac{m_i}{n} \right) = 20.085 \times 1\% + 20.135 \times 4\% + 20.185 \times$$
$$10\% + 20.235 \times 12\% + 20.285 \times 19\% + 20.335 \times$$
$$20\% + 20.385 \times 16\% + 20.435 \times 8\% + 20.485 \times$$
$$7\% + 20.535 \times 2\% + 20.585 \times 1\% = 20.321\text{mm}$$

对连续型随机变量　　$E(X) = \int_{-\infty}^{+\infty} X f(x) \mathrm{d}x$ 　　　　（3）

式中 $f(x)$ 为概率密度，而 $f(x)\ \mathrm{d}x$ 可理解为 X 在 $\mathrm{d}x$ 子区间中的概率。

实际上，测量次数没有必要为无限多，当 n 为有限值时，由于绝对值相同的正误差和负误差出现的机会相等，所以 $\dfrac{\sum_{i=1}^{n} \delta_i}{n}$ 也

是一个微小量。由（1）式得 $\overline{X} = L + \dfrac{\sum_{i=1}^{n} \delta_i}{n} = L +$ 微小量 Δ。

这说明当测量次数 n 为有限值时，$\overline{X}$ 是最接近于真值的"最佳估计值"。

2. 残差

将每次测得值 x 减去各测得值的算术平均值 $\overline{X}$，得到的差值称为残差，即：

$v_1 = X_1 - \overline{X}$

$v_2 = X_2 - \overline{X}$

……

14

$$v_n = X_n - \overline{X}$$

以上式子可简写成 $v_i = X_i - \overline{X}$ （$i = 1 \sim n$）

将上列各式相加得 $v_1 + v_2 + \cdots\cdots + v_n = （X_1 + X_2 + \cdots\cdots + X_n）- n\overline{X}$，但 $\overline{X} = \dfrac{X_1 + X_2 + \cdots\cdots + X_n}{n}$，即 $n\overline{X} = X_1 + X_2 + \cdots\cdots + X_n$，因此，$v_1 + v_2 \cdots\cdots + v_n = 0$。对离散型随机变量则有 $\sum\limits_{i=1}^{n} v_i p_i = 0$，式中 p_i 为残差 v_i 的出现概率。"残差的总和等于零"是不确定度计算中一个很重要的概念。

3. 标准差

在测量工作中，如果对某个量只测量一次，则无从用统计学方法发现其测得值的误差。所以只要有条件进行重复性测量，一般都要进行多次测量。于是误差的出现必然是一组（不是单个）的数值。那么，怎么利用这一组误差去代表这一组测量的准确程度？首先会想到用这一组误差的绝对值的算术平均值来表示，即令 $|\overline{\delta}| = \dfrac{|\delta_1| + |\delta_2| \cdots\cdots + |\delta_n|}{n}$，$|\overline{\delta}|$ 愈小，表明在该组误差中，绝对值较小的误差所占的个数愈多，测得值愈准确。所以用 $|\overline{\delta}|$ 表示测量准确程度似乎是合理的。但 $|\overline{\delta}|$ 无法表示出误差的离散情况。例如现有两组测得值的误差为：

第一组 $+4$，$+3$，$+3$，$+3$，$+1$，-1，-2，-3，-4，-4。算得 $|\overline{\delta}|_A = 2.8$

第二组 $+9$，$+2$，$+2$，$+1$，0，-1，-1，-3，-4，-5。算得 $|\overline{\delta}|_B = 2.8$

显然，第二组误差的离散程度较大，即第二组的测得值不如第一组准确。因此，用误差的平方和来表示测量结果的准确程度比较合适，因为它对较大的误差或较小的误差反映比较灵敏。

误差的平方和在数理统计学上称为方差 $D（X）$，对离散型随机变量，则有：

$$D(X) = \lim_{n \to \infty} \sum_{i=1}^{n} \left[（X_i - L）p_i\right]^2 = \lim_{n \to \infty} \sum_{i=1}^{n} \left[\delta_i p_i\right]^2$$

对于连续型随机变量，则有：

$$D(X) = \int_{-\infty}^{+\infty} [X - E(X)]^2 f(x) \mathrm{d}x \qquad (4)$$

在实用上，用误差平方和的平均值的方根值来表征测量结果的分散性，称为标准差：

$$s_t(X) = \lim_{n \to \infty} \sqrt{\frac{\sum\limits_{i=1}^{n}(X_i - L)^2}{n}} = \lim_{n \to \infty} \sqrt{\frac{\sum\limits_{i=1}^{n}\delta_i^2}{n}} \qquad (5)$$

式中，X_i 为测得值，L 为真值，δ_i 为误差。由于真值 L 难于求得，所以 $s_t(X)$ 只有理论上的意义，称为理论标准差（或称总体标准差）。实际上，测量次数 n 不可能无限多，总是有限的次数。所以要推导出当 n 为有限值时，计算标准差的公式：

因为残差 $\quad \nu_1 = X_1 - \overline{X}$

于是 $\qquad X_1 = \nu_1 + \overline{X}$

又误差 $\quad \delta_1 = \nu_1 + (\overline{X} - L)$，

两边平方得 $\delta_1^2 = \nu_1^2 + 2\nu_1(\overline{X} - L) + (\overline{X} - L)^2$

同理 $\qquad \delta_2 = \nu_2 + (\overline{X} - L)$，

$\qquad\qquad \delta_2^2 = \nu_2^2 + 2\nu_1(\overline{X} - L) + (\overline{X} - L)^2$

$\qquad\qquad \cdots\cdots$

$\qquad\qquad \delta_n = \nu_n + (\overline{X} - L)$，

$\qquad\qquad \cdots\cdots$

$\qquad\qquad \delta_n^2 = \nu_n^2 + 2\nu_n(\overline{X} - L) + (\overline{X} - L)^2$

将上列右边各式相加得

$\delta_1^2 + \delta_2^2 \cdots\cdots + \delta_n^2 = \nu_1^2 + \nu_2^2 \cdots\cdots \nu_n^2 + 2(\overline{X} - L)(\nu_1 + \nu_2 \cdots\cdots \nu_n) + n(\overline{X} - L)^2$

注意到 $\nu_1 + \nu_2 \cdots\cdots + \nu_n = 0$ 及 $\overline{X} - L = \Delta$ ，于是上式可写成：

$$\sum_{i=1}^{n}\delta_i^2 = \sum_{i=1}^{n}\nu_i^2 + n\Delta^2 \qquad (A)$$

再将上列左边各式相加并注意到 $\nu_1 + \nu_2 \cdots\cdots + \nu_n = 0$，$\overline{X} - L = \Delta$ 得：

$$\delta_1 + \delta_2 \cdots\cdots + \delta_n = \nu_1 + \nu_2 \cdots\cdots + \nu_n + n(\overline{X} - L)$$

即 $\quad \delta_1 + \delta_2 \cdots\cdots \delta_n = n\Delta$ ，将左式两边平方 $(\delta_1 + \delta_2 \cdots\cdots + \delta_n)^2 = n^2\Delta^2$

16

上式左边展开得：

$$\left(\delta_1^2 + \delta_2^2 \cdots\cdots + \delta_n^2\right) + 2\left(\delta_1\delta_2 + \delta_1\delta_3 \cdots\cdots + \delta_1\delta_n \cdots\cdots + \delta_{n-1}\delta_n\right) = n^2\Delta^2$$

式中 $\delta_1\delta_2$，$\delta_1\delta_3\cdots\cdots$，$\delta_{n-1}\delta_n$ 为随机误差的乘积，当测量次数很多时，这些乘积也具有随机误差的特点，即绝对值相等的乘积其正负值出现的机会相同，于是其总和为零。

因此由上式得： $n^2\Delta^2 = \sum_{i=1}^{n}\delta_i^2$，或 $n\Delta^2 = \dfrac{\sum_{i=1}^{n}\delta_i^2}{n}$ （B）

以（B）式代入（A）式得： $\sum_{i=1}^{n}\delta_i^2 = \sum_{i=1}^{n}\nu_i^2 + \dfrac{\sum_{i=1}^{n}\delta_i^2}{n}$

移项得： $\sum_{i=1}^{n}\delta_i^2\left(1 - \dfrac{1}{n}\right) = \sum_{i=1}^{n}\nu_i^2$ 或 $\dfrac{\sum_{i=1}^{n}\delta_i^2}{n} = \dfrac{\sum_{i=1}^{n}\nu_i^2}{n-1}$

两边开方得： $\sqrt{\dfrac{\sum_{i=1}^{n}\delta_i^2}{n}} = \sqrt{\dfrac{\sum_{i=1}^{n}\nu_i^2}{n-1}}$

上式说明在有限测量次数 n 的情况时，因真误差 δ_i 求不到，只好用残差 ν_i 来替代真误差 δ_i，以残差的平方和 $\sum_{i=1}^{n}\nu_i^2$ 除以 $n-1$ 再开方，求得的标准差称为实验标准差或样本标准差 $s(X_i)$。

$$s(X_i) = \sqrt{\dfrac{\sum_{i=1}^{n}(X_i - \overline{X})^2}{n-1}} \qquad (6)$$

（6）式称为贝塞尔公式。实验标准差是在相同测量条件下，对同一被测定的量进行连续多次测量所得测量结果之间的分散性的定量表示。

【例2】对某一圆柱体的直径 d 测量 6 次，其测得值如下：

10.08mm，10.08mm，10.09mm，10.08mm，10.09mm，10.08mm

计算这一组测得值的实验标准差。

【解】算得： $\overline{X} = 10.083$mm， 又 $n = 6$ 代入式（6），得：

$$s = \sqrt{\frac{\sum_{i=1}^{6}(X_i - \overline{X})^2}{6-1}} = 0.0052\,\text{mm} \approx 0.005\,\text{mm}$$

2.4 随机误差的概率密度分布函数[7][8][9]

标准差本身不是某次测量的误差值，它只是表示在一组测得值中，在某一规定的概率下，这组测得值的残差可能出现的范围，这一范围越大说明测量越不准确。为了找出这一范围，要探讨随机误差的分布规律。

1. 正态分布

在测量实践中，正态分布是随机误差分布最普遍的一种。用高等数学方法可推导出其概率密度方程式，其分布曲线形式如图3示。

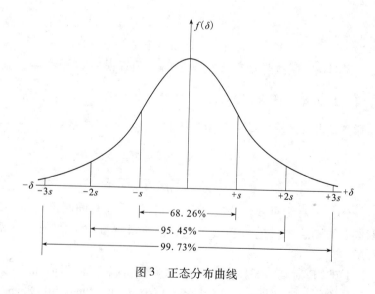

图3　正态分布曲线

$$f(\delta) = \frac{1}{s\sqrt{2\pi}} e^{-\delta^2/2s^2}$$

18

式中　　s——标准差，可按式（6）计算；

　　　　e——自然对数底；

　　　　δ——随机误差。

误差出现在 $(-ks, +ks)$ 区间的概率为：

$$p(-ks < \delta < +ks) = \int_{-ks}^{ks} f(\delta)\mathrm{d}\delta = \int_{-ks}^{ks} \frac{1}{s\sqrt{2\pi}} e^{-\delta^2/2s^2} \mathrm{d}\delta \quad (7)$$

【例3】以表1中测量钢材圆棒直径的统计，按（7）式分别算出 $|k| = 1\sim3$ 各区间随机误差出现的概率，并将计算结果与表1钢材圆棒直径的实测结果相比较。

【解】按式（6）算出：

$$s = \sqrt{\frac{\sum\limits_{i=1}^{n} (X_i - \overline{X})^2}{n-1}} = \sqrt{\frac{\sum\limits_{i=1}^{100} (X_i - 20.321)^2}{100 - 1}} = 0.085\mathrm{mm}$$

k	按（7）式计算 $-ks < \delta < +ks$ 误差出现的概率 p	按表1，在该区间出现的测得值的范围[注] $\overline{X} - ks < X_i < \overline{X} + ks$	出现的频数	频率 $= \dfrac{\text{频数}}{100}$
1	68.26%	$20.236 < X_i < 20.406$	67	67%（相应于表1中 4~7 区间）
2	95.45%	$20.151 < X_i < 20.491$	96	96%（相应于表1中 2~9 区间）
3	99.73%	$20.066 < X_i < 20.576$	99	99%（相应于表1中 1~10 区间）

注：残差 $v_i = X_i - \overline{X}$，因此 $\overline{X} - ks < X_i < \overline{X} + ks$ 的范围相当于 $-ks < v_i < +ks$ 的范围。

上列计算结果表明，表1实测结果的残差出现概率与按正态分布算出的结果相当一致，说明该测量工作中没有出现差错。

2. 粗差的判别与差错数据的剔除

在正态分布下的随机误差超出 $|\delta| > 3s$ 的概率仅有 0.27%（即 $1 - 0.9973 = 0.0027$），即在 370 次测量中仅有 1 次出现（$370 \times 0.27\% \approx 1$）。由于在一般测量中，重复测量次数很少超过几十次，因此可认为 $|\delta|$ 大于 $3s$ 的误差不可能出现。如果发现

有残差 $|\nu_i| = (X_i - \overline{X})$ 大于 $3s$ 的情况即可判断该 ν_i 为粗差，即该次 X_i 测量有差错，应从测得值数列中剔除，重新计算剔除差错测得值后的 $\overline{X}$ 及 s，并再检查有无新的 $|\nu_i|$ 仍然超过新的 $3s$，直到不存在粗差为止。

3. 随机误差的均匀分布（亦称矩形分布）

随机误差除按正态分布之外，还经常遇到均匀分布。其特点是该误差有固定的分布范围。在此范围内，该误差出现的概率各处相等，如超出范围，则该误差不出现。例如，拉力试验机的读数盘的分辨率为 1/5 分格，即读数的最大误差为 $a = 1/10$ 分格，在 1/10 分格之内各处出现误差的概率是相同的。因概率分布图为矩形，其宽度为 $2a$，其面积为全部概率总和 100%（即 1），所以矩形高度为 $1/2a$。于是概率分布的函数式为：

$$f(x) = \begin{cases} \dfrac{1}{2a} & \text{当 } |X - \overline{X}| \leqslant a \\ 0 & \text{当 } |X - \overline{X}| > a \end{cases}$$

其图形如图 4 所示。

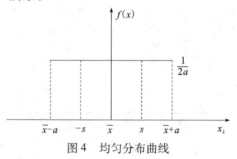

图 4　均匀分布曲线

由（4）式得 x 的方差为：

$$D(X) = \int_{\overline{x}-a}^{\overline{x}+a} (X - \overline{X})^2 f(x) \mathrm{d}x, \text{以 } f(x) = \frac{1}{2a} \text{ 代入得：}$$

$$D(X) = \frac{1}{2a} \int_{\overline{x}-a}^{\overline{x}+a} (X - \overline{X})^2 \mathrm{d}x = \frac{1}{6a}(X - \overline{X})^3 \Big|_{\overline{X}-a}^{\overline{X}+a} = \frac{a^2}{3}$$

因此，标准差 $s(x) = \sqrt{D(x)} = \dfrac{a}{\sqrt{3}}$ \hfill （8）

均匀分布的随机误差在标准差范围内的概率为：

$$p(-s < \delta < s) = \int_{\frac{-a}{\sqrt{3}}}^{\frac{a}{\sqrt{3}}} f(\delta) \mathrm{d}\delta = \frac{1}{2a} \int_{\frac{-a}{\sqrt{3}}}^{\frac{a}{\sqrt{3}}} \mathrm{d}\delta = \frac{1}{2a} \delta \Big|_{\frac{-a}{\sqrt{3}}}^{\frac{a}{\sqrt{3}}} = \frac{1}{\sqrt{3}}$$

$$= 0.577 = 57.7\%$$

【例4】NY6-300 型压力试验机的读数盘的每格为 1000N，用眼睛视读时，能分辨 1/5 分格，求读数的标准差。

【解】因能分辨 1/5 分格，所以读数最大误差 $a = 1/10$ 分格。

$$a = (1/10) \times 1000 = 100\text{N}$$

由式（8）得 $s(x) = \dfrac{a}{\sqrt{3}} = \dfrac{100}{\sqrt{3}} = 57.7\text{N}$。

2.5　误差传播定律与算术平均值的标准差

1. 误差传播定律

在测量工作中，有些被测定的量不是直接测量而获得，需通过测量其他的量再按一定的函数关系计算求得，这样的测量称为间接测量。例如，测量钢材试件的矩形截面积 A 就是先测量截面的边长 a 及 b，再按 $A = a \times b$ 算式算得。如写成一般函数式，则有 $A = f(a,b)$。

设被测定的量 Z 不能直接测量得，而需实测其他独立变量 X_1，X_2，……，X_n，然后通过函数关系来计算确定，即：

$$Z = f(X_1, X_2, \cdots\cdots, X_N) \tag{9}$$

式（9）称为间接测量的数学模型。式中实测的量 X_1，X_2，……，X_n 是互不相关的量，称为输入量，Z 称为输出量。现阐述输入量 X_1，X_2，……，X_n 的标准差 $s(X_1)$，$s(X_2)$，……，$s(X_n)$ 与输出量 Z 的标准差 $s(Z)$ 的关系。这一关系称为误差传播定律。

先说明边长为 a、b 的矩形面积的误差传播情况。

$$A = ab = f(a,b)$$

如 a 增大 Δa，b 增大 Δb，则 A 相应增大 ΔA。如图5所示。

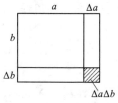

$$A + \Delta A = (a + \Delta a)(b + \Delta b) = ab + b\Delta a + a\Delta b + \Delta a\Delta b$$

因此　　$\Delta A = b\Delta a + a\Delta b + \Delta a\Delta b$

如忽略高价微量 $\Delta a\Delta b$，并写成 ΔA 的全微分式，则有

图5　矩形面积增量图

$$dA = bda + adb = \frac{\partial f}{\partial a}da + \frac{\partial f}{\partial b}db \qquad (A)$$

考虑到 δ_a、δ_b 分别为 a、b 的测量误差，δ_A 为 A 的误差，因 δ_a、δ_b、δ_A 相对 a、b、A 来说都是一微量，所以可用 δ_a、δ_b、δ_A 来替代式（A）中的 da、db 及 dA，于是有：

$$\delta_A = \frac{\partial f}{\partial a}\delta_a + \frac{\partial f}{\partial b}\delta_b$$

如测量 a 和测量 b 是用不同的卡尺，则两者测量结果互不相关。

现对 a、b 分别进行 n 次测量，每次测量误差分别为 δ_{a1}、δ_{b1}、……、δ_{an}、δ_{bn} 于是：

$\delta_{A1} = \dfrac{\partial f}{\partial a}\delta_{a1} + \dfrac{\partial f}{\partial b}\delta_{b1}$　两边平方得

$$\delta_{A1}{}^2 = \left(\frac{\partial f}{\partial a}\right)^2\delta_{a1}^2 + \left(\frac{\partial f}{\partial b}\right)^2\delta_{b1}^2 + 2\left(\frac{\partial f}{\partial a}\right)\left(\frac{\partial f}{\partial b}\right)\delta_{a1}\delta_{b1}$$

$\delta_{A2} = \dfrac{\partial f}{\partial a}\delta_{a2} + \dfrac{\partial f}{\partial b}\delta_{b2}$　两边平方得

$$\delta_{A2}^2 = \left(\frac{\partial f}{\partial a}\right)^2\delta_{a2}^2 + \left(\frac{\partial f}{\partial b}\right)^2\delta_{b2}^2 + 2\left(\frac{\partial f}{\partial a}\right)\left(\frac{\partial f}{\partial b}\right)\delta_{a2}\delta_{b2}$$

……

$\delta_{An} = \dfrac{\partial f}{\partial a}\delta_{an} + \dfrac{\partial f}{\partial b}\delta_{bn}$　两边平方得

$$\delta_{An}^2 = \left(\frac{\partial f}{\partial a}\right)^2\delta_{an}^2 + \left(\frac{\partial f}{\partial b}\right)^2\delta_{bn}^2 + 2\left(\frac{\partial f}{\partial a}\right)\left(\frac{\partial f}{\partial b}\right)\delta_{an}\delta_{bn}$$

将上列右边各式相加得：

$$\sum_{i=1}^{n} \delta_{Ai}^2 = \sum_{i=1}^{n} \left(\frac{\partial f}{\partial a}\right)^2 \delta_{ai}^2 + \sum_{i=1}^{n} \left(\frac{\partial f}{\partial b}\right)^2 \delta_{bi}^2 + 2\sum_{i=1}^{n} \left(\frac{\partial f}{\partial a}\right)\left(\frac{\partial f}{\partial b}\right)\delta_{ai}\delta_{bi} \quad (B)$$

注意到 $\delta_{ai}\delta_{bi}$ 也具有随机误差性质：绝对值相等的乘积，其正负值出现的机会相同，当测量次数 n 很大时 $\sum_{i=1}^{n} \left(\frac{\partial f}{\partial a}\right)\left(\frac{\partial f}{\partial b}\right)\delta_{ai}\delta_{bi}$ 为零，如 a 与 b 有某种相关关系（例如 $a+b=10$）则上述（B）式应该用以后讲到的第 8 章的式（56）表示。

现 a 与 b 为互不相关的独立变量，于是 $\sum_{i=1}^{n} \left(\frac{\partial f}{\partial a}\right)\left(\frac{\partial f}{\partial b}\right)\delta_{ai}\delta_{bi} =0$ 成立。

（B）式变为：
$$\sum_{i=1}^{n} \delta_{Ai}^2 = \left(\frac{\partial f}{\partial a}\right)^2 \sum_{i=1}^{n} \delta_{ai}^2 + \left(\frac{\partial f}{\partial b}\right)^2 \sum_{i=1}^{n} \delta_{bi}^2$$

或
$$\frac{\sum_{i=1}^{n} \delta_{Ai}^2}{n} = \left(\frac{\partial f}{\partial a}\right)^2 \frac{\sum_{i=1}^{n} \delta_{ai}^2}{n} + \left(\frac{\partial f}{\partial b}\right)^2 \frac{\sum_{i=1}^{n} \delta_{bi}^2}{n}$$

两边开方：
$$\sqrt{\frac{\sum_{i=1}^{n} \delta_{Ai}^2}{n}} = \sqrt{\left(\frac{\partial f}{\partial a}\right)^2 \frac{\sum_{i=1}^{n} \delta_{ai}^2}{n} + \left(\frac{\partial f}{\partial b}\right)^2 \frac{\sum_{i=1}^{n} \delta_{bi}^2}{n}} \quad (C)$$

式中 $\sqrt{\dfrac{\sum_{i=1}^{n} \delta_{Ai}^2}{n}}$ 为 A 的标准差 s_A，$\dfrac{\sum_{i=1}^{n} \delta_{ai}^2}{n}$ 为 a 的标准差的平方 s_a^2，

$\dfrac{\sum_{i=1}^{n} \delta_{bi}^2}{n}$ 为 b 的标准差平方 s_b^2，于是（C）式可写成：

$$s_A = \sqrt{\left(\frac{\partial f}{\partial a}\right)^2 s_a^2 + \left(\frac{\partial f}{\partial b}\right)^2 s_b^2} \quad (10)$$

用类似的步骤，可将（a）式的结果推广到式（9）：
$$Z = f(X_1, X_2, \cdots\cdots, X_n)$$

Z 的标准差为 s_Z，而 s_{X_1}，s_{X_2}，$\cdots\cdots$，s_{Xn} 分别为 X_1，X_2，$\cdots\cdots$，X_n 的标准差，由式（10）推广得：

$$s_Z = \sqrt{\left(\frac{\partial f}{\partial X_1}\right)^2 s_{X_1}^2 + \left(\frac{\partial f}{\partial X_2}\right)^2 s_{X_2}^2 + \cdots\cdots + \left(\frac{\partial f}{\partial X_n}\right)^2 s_{X_n}^2} \qquad (11)$$

式（11）称为间接测量的误差传播定律，式中 $\frac{\partial f}{\partial X_1}$，$\frac{\partial f}{\partial X_2}$，……，

$\frac{\partial f}{\partial X_n}$ 称为灵敏系数，它们都是常数，分别表示各输入量对输出量的影响程度。

2. 算术平均值 $\overline{X}$ 的标准差 $s_{\overline{X}}$（也可表示为 $s(\overline{X})$）

对某被测定的量 X 做了 n 次测量，各测得值为 $X_1, X_2, \cdots\cdots, X_n$。由于各测得值的准确程度相同，因此式（6）算得的标准差 $s(X_i) =$

$\sqrt{\dfrac{\sum\limits_{i=1}^{n}(X_i - \overline{X})^2}{n-1}}$，可以认为是各单次测量的标准差 s_X，而算术平均

值 $\overline{X}$ 可看成是 X_1，X_2，……，X_n 的函数，即：

$$\overline{X} = f(X_1, X_2, \cdots\cdots, X_n) = \frac{1}{n}X_1 + \frac{1}{n}X_2 + \cdots\cdots + \frac{1}{n}X_n$$

以 $\dfrac{\partial f}{\partial X_1} = \dfrac{1}{n}$，$\dfrac{\partial f}{\partial X_2} = \dfrac{1}{n}$，……，$\dfrac{\partial f}{\partial X_n} = \dfrac{1}{n}$ 代入式（11），得算术

平均值 $s_{\overline{X}}$ 的标准差为：

$$s_{\overline{X}} = \sqrt{\left(\frac{1}{n}\right)^2 s_X^2 + \left(\frac{1}{n}\right)^2 s_X^2 + \cdots\cdots + \left(\frac{1}{n}\right)^2 s_X^2} = \sqrt{n\left(\frac{1}{n}\right)^2 s_X^2} = \frac{s_X}{\sqrt{n}}$$

由式（6）
$$s_X = \sqrt{\dfrac{\sum\limits_{i=1}^{n}(X_i - \overline{X})^2}{n-1}}$$

于是
$$s_{\overline{X}} = \frac{s_X}{\sqrt{n}} = \sqrt{\dfrac{\sum\limits_{i=1}^{n}(X_i - \overline{X})^2}{n(n-1)}} \qquad (12)$$

式（12）表示算术平均值 $\overline{X}$ 的标准差 $s_{\overline{X}}$ 小于各单次测量的标准差 s_X。这说明 $\overline{X}$ 比单次测得值 $X_1, X_2, \cdots\cdots, X_n$ 更接近于真值，即 $\overline{X}$ 的测量准确程度比各次测得值更高。

24

【例5】对一截面为矩形的钢材试件的边长 a、b，测量6次，其测得值为：

a（mm）	10.09	10.08	10.09	10.08	10.09	10.08
b（mm）	20.03	20.04	20.03	20.04	20.03	20.04

计算其截面积 A 的标准差。

【解】由 $n=6$ 及上列测得值算得 $\bar{a}=10.085$mm，$\bar{b}=20.035$mm

由式（12）得 $s_{\bar{a}}=\dfrac{s_a}{\sqrt{n}}=\sqrt{\dfrac{\sum\limits_{i=1}^{6}(a_i-\bar{a})^2}{6(6-1)}}=0.002$mm

$$s_{\bar{b}}=\dfrac{s_b}{\sqrt{n}}=\sqrt{\dfrac{\sum\limits_{i=1}^{6}(b_i-\bar{b})^2}{6(6-1)}}=0.002\text{mm}$$

由式（10）得 $s_A=\sqrt{\left(\dfrac{\partial f}{\partial a}\right)^2 s_{\bar{a}}^2+\left(\dfrac{\partial f}{\partial b}\right)^2 s_{\bar{b}}^2}=\sqrt{b^2 s_{\bar{a}}^2+a^2 s_{\bar{b}}^2}$

$$=\sqrt{20.035^2\times0.002^2+10.085^2\times0.002^2}=0.045\text{mm}^2。$$

本 章 小 结

1. 误差 $\delta_i=$ 测得值 X_i- 真值 L，由于被测定量的真值一般不知道，所以误差只有理论意义。

2. 各次测得值 $X_1,X_2,\cdots\cdots,X_n$ 的算术平均值 $\overline{X}$ 是最接近于真值的值，称为最佳估计值，在数理统计学中称之为数学期望，

$$\overline{X}=\dfrac{\left(\sum\limits_{i=1}^{n}X_i\right)}{n}。$$

3. 误差可分为系统误差、随机误差及过失误差（又称差错或粗差），前二者是无法避免的。过失误差（即粗差）则可以避免也应该避免。判别粗差的方法详见 2.4 节的第 2 段。

4. 残差 $\nu_i=$ 测得值 X_i- 算术平均值 $\overline{X}$。

5. 在无系统误差的情况下，测得值的分散情况可用随机误差的标准差表征，标准差愈大，表明该组的测得值愈分散，即该组的测量准确程度较低。

（1）理论标准差 $s_t(X) = \lim\limits_{n \to \infty} \sqrt{\dfrac{\sum\limits_{i=1}^{n}(X_i - L)^2}{n}}$，由于真值 L 不知道，测量次数 n 也不可能无穷多，所以 $s_t(X)$ 只有理论上的意义。

（2）实验标准差 $s(X) = \sqrt{\dfrac{\sum\limits_{i=1}^{n}(X_i - \overline{X})^2}{(n-1)}}$，它表示在一定概率下，残差分布的区间为 $-s(X) < v < s(X)$。

（3）算术平均值的标准差 $s(\overline{X}) = s_{\overline{X}} = \sqrt{\dfrac{\sum\limits_{i=1}^{n}(X_i - \overline{X})^2}{n(n-1)}}$，这说明 $\overline{X}$ 的测量准确程度比各单次测得值 $X_1, X_2, \cdots\cdots, X_n$ 的测量准确程度都高。

6. 如某量 Z 是通过直接测量各互不相关的被测定的量 $X_1, X_2, \cdots\cdots, X_n$，然后以某函数关系进行计算求得，即 $Z = f(X_1, X_2, \cdots\cdots, X_n)$，这样的测量称为间接测量，$Z$ 的标准差为：

$$s_z = \sqrt{\left(\dfrac{\partial f}{\partial X_1}\right)^2 s_{X_1}^2 + \left(\dfrac{\partial f}{\partial X_2}\right)^2 s_{X_2}^2 + \cdots\cdots + \left(\dfrac{\partial f}{\partial X_n}\right)^2 s_{X_n}^2}$$，该式称为间接测量的误差传播定律。

第3章 测量不确定度的评定[10]

在第1章中已叙述了测量不确定度的含义和评定的含义，本章将进一步阐述评定的方法。

3.1 标准不确定度的评定，A类评定方法及 B类评定方法

1. 测量不确定度的来源

凡是对测量结果产生影响的不利因素，都是测量不确定度的来源，例如：

（1）在相同的测量条件下，测得值的随机变化，即存在随机误差。

（2）测量仪器的计量性能的局限（即仪器准确度的限制）形成的示值误差。

（3）由于观测者的观测视线和习惯引起的对仪器1分格内估读数的偏差。

（4）测量仪器校准源不确定度。

（5）测量结果的数值修约的影响。

（6）测量所组成系统不够完善。例如电学测量系统中的绝缘漏电，引线上电阻压降等。

（7）引用手册上给出的常数或其他参数存在不确定度（例如引用材料的线热膨胀数不是绝对准确）。

（8）测量所取样本的代表性不够（例如钢筋的取样，水泥的取样）。

以上各种不确定度来源可归结为设备、方法、环境、人员带来的不确定因素，凡是能设法避免的应尽量避免。在保证测

27

量准确程度的前提下，首先要考虑不确定度的主要来源，不计其他可忽略的影响，以便于估算，并且具有合理性与实用性。

2. 不确定度评定方法的分类

用标准差表征的不确定度，称为标准不确定度，用 u 表示。国际上按其评定方法的不同，分为 A 类评定和 B 类评定。两种评定方法都基于某种概率，都能够用标准差定量地表达，二者在本质上并无区别，只是计算的途径不同。

（1）标准不确定度的 A 类评定方法

A 类评定方法是采用：对"一系列测得值进行统计分析方法来评定标准不确定度"。由于标准差是表征测得值的分散区间，而标准不确定度也是表征测得值的分散区间，因此可用测得值实验标准差表示标准不确定度。当用被测定量的单次测得值作为被测定量 X 的估计值时，其标准不确定度为该测得值的数列的单次测量的实验标准差，即：

$$u(X) = s(X) = \sqrt{\frac{\sum_{i=1}^{n} (X_i - \overline{X})^2}{(n-1)}} \tag{6A}$$

在 A 类评定方法中，更多情况是对 X 进行多次测量，用 n 次测得值的算术平均值 $\overline{X}$ 的实验标准差 $s(\overline{X})$ 来表示标准不确定度，即：

$$u_{\mathrm{A}}(\overline{X}) = s(\overline{X}) = \frac{s(X)}{\sqrt{n}} = \sqrt{\frac{\sum_{i=1}^{n} (X_i - \overline{X})^2}{n(n-1)}} \tag{12A}$$

【例6】用示值误差 $a = 0.05\mathrm{mm}$ 的游标卡尺测量一钢材试件的直径 D，测得值如下：$D_i(\mathrm{mm}) = 20.10$，20.15，20.05，20.15，20.00，20.05。测量次数 $n = 6$，求测量结果的标准不确定度 $u(\overline{D})$。

【解】$\overline{D} = \sum_{i=1}^{n} \dfrac{D_i}{n} = 20.083\mathrm{mm}$

由式（6）得这一组测得值的实验标准差为：

$$s(D) = \sqrt{\frac{\sum_{i=1}^{n} (D_i - \overline{D})^2}{(n-1)}} = 0.061\,\mathrm{mm}$$

其算术平均值 $\overline{D}$ 的标准差为 $s(\overline{D})$

由式（12）得 $s(\overline{D}) = \dfrac{s(D)}{\sqrt{n}} = \dfrac{0.061}{\sqrt{6}} = 0.025\,\mathrm{mm}$

游标卡尺的刻度示值误差呈均匀分布，其标准差由式（8）得：

$$s(a) = \frac{a}{\sqrt{3}} = \frac{0.05}{\sqrt{3}} = 0.029\,\mathrm{mm}$$

由于 $\overline{D}$ 与 a 是互不相关的量，因此其合成标准差可按误差传播公式（11）计算：

$$s_c = \sqrt{[s(\overline{D})]^2 + [s(a)]^2} = \sqrt{0.025^2 + 0.029^2} = 0.038\,\mathrm{mm}$$

于是 $\overline{D}$ 的标准不确定度 $u_A(\overline{D}) = 0.038\,\mathrm{mm} \approx 0.04\,\mathrm{mm}$。

（2）标准不确定度的 B 类评定方法

B 类评定方法是采用不同于对测得值进行统计分析的方法来评定标准不确定度。

如上所述，A 类不确定度是对某一试件直接多次测量，然后用式（12）按标准差计算出来的。但实际上，我们不必要事事直接多次测量，常常可引用以前测过的资料，或从仪器说明书上查出数据来进行不确定度评定，例如在【例 6】中对一直径为 20mm 的试件，测量 6 次，算得单次测量的实验标准差为 0.061mm，测量 6 次的算术平均值 $\overline{D}$ 的标准差为 $\dfrac{0.061}{\sqrt{6}} = 0.025\,\mathrm{mm}$。再考虑到仪器的示值误差，最后算得其 A 类标准不确定度为 $u_A(\overline{D}) = 0.04\,\mathrm{mm}$，如上例所示。过了一段时间之后，由同一人，用同一仪器在同一条件下，对另一试件的直径进行一次测量。测得值为 $D = 20.00\,\mathrm{mm}$。为估算其不确定度，可引用上回的单次测量的实验标准差作为这次测量的 B 类不确定度评定。虽然这样评定带有一定的主观性，但它是有根据的。即文献上所谓"先验概率"。同理，仪器说明书上所提供的误差，都是厂家专业人员检

29

验出来的，仪器使用者往往没有时间或没有条件去重复检验，只得接受厂家对仪器进行检验得到的误差，作为 B 类不确定度评定。

【例 7】用【例 6】中的游标卡尺（示值误差为 $a = 0.05\text{mm}$）对另一试件测得直径 $D = 20.00\ \text{mm}$，求其标准不确定度。

【解】由【例 6】得单次测量的实验标准差 $s(D) = 0.061\text{mm}$，作为 B 类不确定度评定的依据，再考虑卡尺的示值误差的标准差：

$$s(a) = \frac{a}{\sqrt{3}} = \frac{0.05}{\sqrt{3}} = 0.029\text{mm}$$

于是 $u_B(D) = \sqrt{[s(D)]^2 + [s(a)]^2} = \sqrt{0.061^2 + 0.029^2} = 0.067\text{mm} \approx$ 0.07mm 与例 6 计算结果比较可见，由于 D 只测量一次，所以不确定度较大。

3.2 不确定度有关术语及不确定度表示方式

1. 不确定度有关术语

（1）相对标准不确定度

和误差计算一样，标准不确定度也可用相对值表示。对被测定的量 X 在相同条件下的多次测量，可用其算术平均值 $\overline{X}$ 的标准不确定度 $u(\overline{X})$ 除以算术平均值 $\overline{X}$ 表示，即：

相对标准不确定度 $u_r(\overline{X}) = \dfrac{u(\overline{X})}{X} = \dfrac{s(\overline{X})}{\overline{X}}$

对被测定的量 X 的单次测得值，则为：$u_r(X) = \dfrac{u(X)}{X}$。

【例 8】测量一试件直径，测得 $D = 30.15\text{mm}$，测量条件与例 7 相同。现用例 7 资料，求其测量不确定度。

【解】在例 7 中单次测量的实验标准差 $s(D) = 0.067\text{mm}$，

其相对标准不确定度为 $u_r(D) = \dfrac{0.067}{20.00} = 0.003$，

由相对标准不确定度 $u_r(D) = 0.003$，于是得本次测量的 B 类不确定度 $u_B(D) = 30.15 \times 0.003 = 0.09 \text{mm}$。

（2）自由度

自由度反映相应实验标准差的可靠程度。如果对被测定的量只测量一次，则测量结果不存在比较的余地，即自由度为 0。若有两个测得值，显然就多了一个选择。换言之，本来测量一次即可获得的测得值，但我们为了提高测量的质量或准确程度，而测量了 n 次，其中多余测量 $(n-1)$ 次，实际上是由测量人员根据需要而自由选定的，故称为"自由度"，即自由度 $\nu = n - 1$。自由度也可理解为计算实验标准差时，$\sum\limits_{i=1}^{n} (X_i - \overline{X}) = 0$ 是一个约束条件，即限制数为 1，由此得自由度 $\nu = n - 1$。在计算扩展不确定度时，要用到自由度的数值。

（3）合成标准不确定度

通常测量标准不确定度不仅由一个因素引起，而是由多种因素组成，这些因素在文献上称为对不确定度"有贡献的分量"。在这种情况下，可把这些因素（有贡献的分量）看作是计算合成标准差的某种函数的输入量，套用误差传播定律，求得其合成标准差 $s_c(X)$。

$$s_c(X) = \sqrt{[s_1(X)]^2 + [s_2(X)]^2 + \cdots\cdots + [s_m(X)]^2}$$

由于标准不确定度在数值上等于相对应的标准差，因此合成标准不确定度

$$u_c(X) = \sqrt{[u_1(X)]^2 + [u_2(X)]^2 + \cdots\cdots + [u_m(X)]^2} \quad (13)$$

式中 $u_1(X), u_2(X), \cdots\cdots, u_m(X)$ 为对测量不确定度有贡献的各分量的标准不确定度。

【例 9】某试验室测量试件抗拉强度用 WE-1000 型液压式万能材料试验机，该机的准确度为 1 级，即最大示值误差为读数的 1%，校准源的相对标准不确定度为 0.15%，试验机读数盘的分格为 1kN，现测得某试件的最大抗拉力 $F = 256.4 \text{kN}$，试求抗拉力 F 的标准不确定度 $u(F)$。

【解】考虑到对最大抗拉力 F 只能进行一次性破坏性测量，所以只能进行其不确定度的 B 类评定。对 $u(F)$ 有贡献的分量有三个：

第一，试验机的示值误差 $a=0.01F$，由式（8）求得其标准差及相应的标准不确定度；

$$u_1(F) = s_1(F) = \frac{a}{\sqrt{3}} = \frac{0.01 \times 256.4\text{kN}}{\sqrt{3}} = 1.480\text{kN}。$$

第二，试验机的示值误差是由测力仪校准出来的，而测力仪读数也有不确定度，称为校准源不确定度。现已由校准的工作单位（计量局）提供资料，其相对标准不确定度为 0.15%，因此，$u_A(F) = 0.0015 \times 256.4\text{kN} = 0.3846\text{kN}$。

第三，试验机读数盘分辨率引起的不确定度，该读数盘分辨率一般可达到 $\frac{1}{5}$ 分格，所引起的读数最大误差为 $\frac{1}{10}$ 分格，即 100N，因此：

$$u_2(F) = \frac{100}{\sqrt{3}} = 57.73\text{N} = 0.0577\text{kN}$$

于是，由式（13）得 $u_C(F) = \sqrt{[u_1(F)]^2 + [u_A(F)]^2 + [u_2(F)]^2}$

$= \sqrt{1.480^2 + 0.3846^2 + 0.0577^2} = 1.530\text{kN} \approx 1.5\text{kN}。$

值得注意的是，按式（13）计算合成标准不确定度时，式中各个分量都必须是标准不确定度，而且各分量的单位也必须相同。

（4）置信水平（又称置信概率）、置信区间、包含因子

和误差随机类似，不确定度也是按一定的概率分布在一定的区间范围（例如，对正态分布的不确定度，分布在标准不确定度区间的概率为 68.26%）。这一概率称为置信概率，又称置信水平，该区间则称为置信区间，如图 6 所示。

不确定度置信区间的宽度与标准不确定度置信区间宽度的比值，称为包含因子 k_p。

正态分布情况下，置信概率 p 与包含因子 k_p 的关系如表 2 所示。

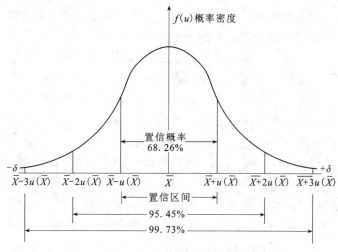

图6 正态分布的置信区间图

正态分布的置信概率 p（%）与包含因子 k_p			表2
p（%）	68.3	95.4	99.7
k_p	1	2	3

在均匀分布情况下，置信概率 P 与包含因子 k_p 的关系如表3所示。

均匀分布的置信概率 p（%）与包含因子 k_p			表3
p（%）	57.7	95	100
k_p	1	$0.95\sqrt{3}=1.65$	$\sqrt{3}=1.73$

（5）扩展不确定度

虽然合成标准不确定度 $u_c(\overline{X})$ 已能表示测量结果的分散性，但在商业、工业和仪器校准领域，考虑到安全等原因，需要扩大不确定度的置信区间，以便被测定量的量值大部分可含于此区间内。为此，可将合成标准不确定度 $u_c(\overline{X})$ 乘以包含因子 k_p 得到的不确定度称为扩展不确定度 $U(X)$。对正态分布的不确定度如取 $k_p=2$，则扩展不确定度的置信概率扩大到95.45%；如取

$k_p = 3$，则置信概率扩大到 99.73%。一般取 $k_p = 2$ 已可满足要求。

2. 不确定度评定结果的表示方法

由中国计量科学院起草经国家质量技术监督局批准的《测量不确定度评定与表示》JJF1059—1999 规范中第 8 章，对测量不确定度评定结果的表示方法已有详细说明，现简述如下：

对合成标准不确定度，应给出测得值的最佳估计值，再写明其合成标准不确定度，最好再给出自由度。例如，对直径 D 的测量结果 $\overline{D} = 20.8\text{mm}$，$u_c(\overline{D}) = 0.04\text{mm}$；或 $\overline{D} = 20.08(0.04)\text{mm}$。第一种表示方式较清晰。

对扩展不确定度，给出测量结果的最佳估计值，并给出扩展不确定度及包含因子。例如，某钢材的抗拉强度为 $R_m = 522.3\text{MPa}$，扩展不确定度 $U(R_m) = 6.9\text{MPa}$，包含因子 $k_p = 2$，测量结果可表示为 $R_m = 522.3\text{MPa}$，$U_{95}(R_m) = 6.9\text{MPa}$，$k_p = 2$。式中 U 的下标 95 表明置信概率为 95%，如不确定度接近于正态分布，95% 即表示 $k_p = 2$。

3. 间接测量的合成标准不确定度

有很多情况下，被测定的量 Z 不能直接测量得，而需要测量其他互不相关的独立变量 $X_1, X_2, \cdots\cdots, X_n$，然后通过 Z 与 X_1，$X_2, \cdots\cdots, X_n$ 的函数关系 $Z = f(X_1, X_2, \cdots\cdots, X_n)$ 算出 Z。根据误差传播定律，Z 的标准不确定度可套用式（11）算得：

$$u(X) = \sqrt{\left(\frac{\partial f}{\partial X_1}\right)^2 [u(X_1)]^2 + \left(\frac{\partial f}{\partial X_2}\right)^2 [u(X_2)]^2 + \cdots\cdots + \left(\frac{\partial f}{\partial X_n}\right)^2 [u(X_n)]^2} \quad (14)$$

式中 $u(X_1)$，$u(X_2)$，$\cdots\cdots$，$u(X_n)$ 分别为 $X_1, X_2, \cdots\cdots, X_n$ 的标准不确定度。

如 $Z = kX_1^{p_1} X_2^{p_2} \cdots\cdots X_n^{p_n}$

则：$\dfrac{\partial f}{\partial X_1} = kp_1 X_1^{p_1-1} X_2^{p_2} \cdots\cdots X_n^{p_n}$，$\cdots\cdots$，$\dfrac{\partial f}{\partial X_n} = kp_n X_1^{p_1} X_2^{p_2} \cdots\cdots X_n^{p_n-1}$ （15）

以 Z 除式（14）两边，得相对标准不确定度为：

$$\frac{u(Z)}{Z} = \sqrt{p_1^2 \left[\frac{u(X_1)}{X_1}\right]^2 + p_2^2 \left[\frac{u(X_2)}{X_2}\right]^2 + \cdots\cdots + p_n^2 \left[\frac{u(X_n)}{X_n}\right]^2} \quad (16)$$

用式（16）进行计算，往往比较便捷。

4. 测量结果的数值修约及其不确定度

（1）测量结果的有效位数取决于所用仪器的准确度。例如万能材料试验机的读数盘可估算到 0.1kN，则该试验机的拉力读数应表示到小数点后 1 位。例如 256.4kN，即其有效数字为 4 位，也可表示为 $256.4 \times 10^3 N$，但不可表示为 256400N，因后者表示 6 位有效数字。

（2）在合成标准不确定度的计算过程中，对各分量的标准不确定度应取相同的有效数字位数，如例 7 及例 9 所示。合成标准不确定度的小数点后的位数与测量结果的小数点后的位数相同，例如，$F = 256.4kN$，$u_c(F) = 1.5kN$。

（3）测量结果的数值修约。按"四舍六入，逢五取偶"的原则进行舍弃截断或进位截断。这样规定是为了使舍弃的概率和进位的概率相同，修约所引起的误差是随机误差而非系统误差。例如，将下列各数值修约成四位有效数值：

原有数值	修约后数值
3.1416	3.142（六入，故进位截断）
2.8334	2.833（四舍，故舍弃截断）
8.7175	8.718（5 前面为奇数 7，故进位取偶）
9.0265	9.026（5 前面为偶数 6，故舍弃取偶）
4.2605	4.260（5 前面为 0，算偶数，故舍弃 5）

如修约后的数值除了要达到规定的有效数字位数的要求外，还有其他的要求，以致数值修约的间隔较大，则要考虑数值修约所引起的误差对不确定度的影响。例如，《金属材料室温拉伸试验方法》GB/T 228—2002 规范规定，对钢筋的应力强度在 200MPa $<\sigma<1000$MPa 范围，数值修约为 5MPa，即由于数值修约引起的最大误差 $a = \pm 2.5$MPa，这一误差可认为是矩形分布，于是所引起的标准不确定度为：

$$u(a) = \frac{2.5}{\sqrt{3}} = 1.44\text{MPa} \qquad (17)$$

在计算钢筋的应力测量结果的合成标准不确定度时，应计入 $u(a)$。

【例10】 某圆柱形钢材试件，已用游标卡尺测其直径 6 次，测得 $\overline{D} = 20.08\text{mm}$，$\overline{D}$ 的标准不确定度 $u(\overline{D}) = 0.04\text{mm}$，然后将这一试件装在 WE—1000 型液压式万能材料试验机上加力一直到拉断，其读数为 $F = 164.1\text{kN}$。该机的准确度为 1 级，示值误差 $a = 0.01F$。最近经计量局校准，校准源的扩展不确定度为 0.3%（$k = 2$，置信概率为 95%），试验机读数盘的分格为 1kN，求试件的抗拉强度及其不确定度。

【解】 试件的直径 $\overline{D} = 20.08\text{mm}$，

最大抗拉力 $F = 164.1\text{kN}$，

因此，抗拉强度 $R_\text{m} = \dfrac{F}{\dfrac{1}{4}\pi D^2} = \dfrac{4 \times 164.1 \times 10^3}{\pi\ (20.08)^2} = 518.2\text{MPa}$。

为计算 R_m 的标准不确定度，可引用式（16）

$$\frac{u(R_\text{m})}{R_\text{m}} = \sqrt{p_1^2\left[\frac{u(F)}{F}\right]^2 + p_2^2\left[\frac{u(\overline{D})}{\overline{D}}\right]^2}$$

式中 $p_1 = 1$，$p_2 = -2$，

于是
$$\frac{u(R_\text{m})}{R_\text{m}} = \sqrt{\left[\frac{u(F)}{F}\right]^2 + 4\left[\frac{u(\overline{D})}{\overline{D}}\right]^2} \tag{A}$$

$u(\overline{D})$ 由不确定度 A 类评定得 $u(\overline{D}) = 0.04\text{mm}$，

而 $\dfrac{u\ (\overline{D})}{\overline{D}} = \dfrac{0.04}{20.08} = 1.99 \times 10^{-3}$。

由于对 F 只能进行一次性破坏性测量，所以只能按不确定度的 B 类评定。对 $u(F)$ 有贡献的分量有三个：

（1）试验机的示值误差引起的标准不确定度。该机的准确度为 1 级，即示值误差 $a = 0.01F$，其标准差为 $s(F) = \dfrac{0.01F}{\sqrt{3}}$。

于是 $\dfrac{u_1(F)}{F} = \dfrac{0.01F}{F\sqrt{3}} = \dfrac{0.01}{\sqrt{3}} = 0.00577$，呈均匀分布。

（2）校准源的标准不确定度。已给出的扩展不确定度为 0.3%（$k_p = 2$），于是相对标准不确定度为：

$$\frac{u_A(F)}{F} = \frac{0.3\%}{k} = \frac{0.3\%}{2} = 0.15\% = 0.0015，呈正态分布。$$

（3）读数盘分辨率为 $\frac{1}{5}$ 分格，所引起的读数最大误差 $a = \frac{1}{10}$ 分格，即 $1000/10 = 100N$，其标准不确定度为 $u_2(F) = \frac{100}{\sqrt{3}} = 57.73N$，于是：

$$\frac{u_2(F)}{F} = \frac{57.73}{164.1 \times 10^3} = 3.52 \times 10^{-4}，呈均匀分布。$$

最大抗拉力的相对合成标准不确定度为：

$$\frac{u(F)}{F} = \sqrt{\left[\frac{u_1(F)}{F}\right]^2 + \left[\frac{u_A(F)}{F}\right]^2 + \left[\frac{u_2(F)}{F}\right]^3}$$

$$= \sqrt{33.29 \times 10^{-6} + 2.25 \times 10^{-6} + 0.12 \times 10^{-6}}$$

$$= \sqrt{35.66 \times 10^{-6}}。$$

而由（A）式 $\frac{u(R_m)}{R_m} = \sqrt{\left[\frac{u(F)}{F}\right]^2 + 4\left[\frac{u(\overline{D})}{D}\right]^2}$

$= \sqrt{35.66 \times 10^{-6} + 15.84 \times 10^{-6}} = 0.718\%$ 或 $u(R_m) = 0.00718 \times R_m = 0.00718 \times 518.2 = 3.7MPa$。

从 $\frac{u(F)}{F}$ 的合成中可看出校准源的标准不确定度 $\frac{u_A(F)}{F}$ 为正态分布，但它在 35.66×10^{-6} 中只占 $\frac{2.25}{35.66} = 0.063 \approx 0.6\%$。其他两项 $\frac{u_1(F)}{F}$ 及 $\frac{u_2(F)}{F}$ 均为均匀分布，因此可认为 $\frac{u(F)}{F}$ 均匀分布。

在 $\frac{u(R_m)}{R_m}$ 的合成中，$\frac{u(F)}{F}$ 占 $\frac{35.66}{35.66 + 15.84} = 0.69 = 69\%$，于是可认为 $\frac{u(R_m)}{R_m}$ 也是接近于均匀分布。由表 2 得，当 $p = 95\%$ 时，

$k_p = 1.65$。于是 R_m 的扩展不确定度：$U_{95}(R_m) = 1.65 \times 3.7 = 6.1\text{MPa}$，即 $R_m = 518.2\text{Mpa}$，$U_{95}(R_m) = 6.1\text{Mpa}$，$k_p = 1.65$。

本 章 小 结

1. 测量不确定度意为对测量结果正确性的可疑程度，它表征合理地赋予被测定量之值的分散性。所谓合理地赋予指的是被测定量之值是经过合理地测量，或测量后再加以计算而得出的。分散性是指测量结果不是绝对地准确，而是以某一定的概率分布在某一区间范围内。例如，测得值的最佳估计值为 $\overline{X}$，扩展不确定度为 $U_{95}(\overline{X})$，则测得值是以 95% 的置信概率分布在 $\overline{X} + U(\overline{X})$ 到 $\overline{X} - U(\overline{X})$ 的范围内。

2. 标准不确定度的 A 类评定方法是采用对被测定的量在相同条件下进行多次测量，然后将这一系列的测得值用统计分析方法来评定标准不确定度，得：

$$u(\overline{X}) = s(\overline{X}) = \frac{s(X)}{\sqrt{n}} = \sqrt{\frac{\sum_{i=1}^{n}(X_i - \overline{X})^2}{n(n-1)}}。$$

3. 标准不确定度的 B 类评定方法是引用以前实测的资料或仪器说明书提供的数据，对被测定量进行标准不确定度评定。

4. 合成标准不确定度指的是，如果被测定量的标准不确定度不是由一个因素引起，而是由互不相关的多个因素引起，这些因素称为对不确定度有贡献的分量。则首先应评定这些分量的标准不确定度，然后再进行合成：

$$u_c(X) = \sqrt{[u_1(X)]^2 + [u_2(X)]^2 + \cdots\cdots + [u_m(X)]^2}。$$

另一种情况是，如被测定量 Z 是间接测量得到的，则应先评定各直接测量的量 X_1，X_2，……，X_n 的标准不确定度，再按下式算出 Z 的标准不确定度：

$$u(Z) = \sqrt{\left(\frac{\partial f}{\partial X_1}\right)^2 [u(X_1)]^2 + \left(\frac{\partial f}{\partial X_2}\right)^2 [u(X_2)]^2 + \cdots\cdots + \left(\frac{\partial f}{\partial X_n}\right)^2 [u(X_n)]^2}。$$

5. 将标准不确定度 $u(X)$ 乘以包含因子 k_p，得到置信概率更大的不确定度称为扩展不确定度。当标准不确定度近似于正态分布时可取 $k_p = 2$；近似于均匀分布时，可取 $k_p = 1.65$。乘上 k_p 后得置信概率为 95% 的 $U_{95}(X)$。

6. 《GUM》对系统误差与随机误差的合成方法是分别采取如下两点措施。其一，以系统误差对测得值进行修正。例如标称量程为 50.0mm 的游标卡尺，经用更高精度的标准器具校准得该卡尺的实际量程为 50.1mm。如用这一卡尺去量某一管径 D，则卡尺读出的测得值比实际值小。其系统误差 e_s = 卡尺读出的测得值 D - 实际具有的测得值 $\frac{50.1}{50.0}D = (1 - 1.002)D = -0.002D$mm。修正值 $= -e_s = +0.002D$，于是每次实际测得值 = 每次读出的测得值 D + 修正值 $= 1.002D$。D 是随机变量，修正结果的实际测得值也是随机变量。这样，就不存在系统误差的固定值与随机误差的随机变量相合成问题。

其二，对系统误差的处理措施是消除测量器具的系统误差。例如液压式万能材料试验机的系统误差采用调整液压传动系统来校准该试验机的表盘读数，以消除系统误差。

然而，无论是为寻求出系统误差对测量器具的校准（例如上述游标卡尺的校准），还是为消除系统误差而对测量器具的校准（例如对液压万能材料试验机的校准），都不能认为校准是绝对准确。为此，要引入"校准源不确定度"。校准源不确定度作为测量不确定度的一个分量与其他分量按误差传播定律进行合成。即：

$$u_c(X) = \sqrt{[u_A(X)]^2 + [u_1(X)]^2 + \cdots\cdots + [u_m(X)]^2} \quad (18)$$

式中　　$u_A(X)$——校准源不确定度；

　　　　$u_1(X), \cdots\cdots, u_m(X)$——其他分量不确定度。

习　题　一

1. (1) 为什么说误差只有理论上的意义？

（2）它有什么理论上的意义？

2. 残差与误差有何区别？

3. 对某一长度 L，第一回用游标卡尺测量 6 次，测得值 X_I 如下：20.10mm，20.15mm，20.12mm，20.11mm，20.13mm，20.14mm。第二回用同一游标卡尺在同样条件下对该长度测量 10 次，测得值 X_{II} 为：20.12mm，20.10mm，20.10mm，20.11mm，20.15mm，20.12mm，20.11mm，20.13mm，20.12mm，20.11mm。试分别计算这两回测得值的方差 $D(X_I)$ 和 $D(X_{II})$。

4.（1）从上题的测得值看，哪一回测得值较分散？

（2）用方差 $D(X)$ 来表示测得值的分散性有什么缺点？应如何补救？

5. 什么是标准差？标准差与残差有什么关系？

6. 量程为 100.00mm 游标卡尺，其游标的分辨率为 0.02mm，问该卡尺可能存在几种误差？

7.（1）对同一物体测量 10 次的算术平均值与测量 20 次的算术平均值是否相同？哪一个算术平均值更接近于真值？

（2）算术平均值的标准差说明什么问题？

8. 为什么可用标准差 $s(X)$ 来表示标准不确定度 $u(X)$？

9. 某游标卡尺的标称量程为 100.00mm，经计量局校准得该卡尺的实际量程为 99.00mm，卡尺的分辨率为 0.2mm，校准源不确定度 $U_{95}(L) = 0.1$mm，$k_p = 2$，现用该卡尺测量某一长度 L，测量 6 次，测得值 L_i 如下：30.1mm，30.2mm，30.3mm，30.2mm，30.3mm，30.1mm。试计算（1）卡尺的系统误差及读数修正值 L'。（2）测量的随机误差的标准差。（3）分辨率引起的最大读数误差的标准差。（4）校准源相对不确定度。（5）测得值的置信概率为 95% 的扩展不确定度。（6）问：对 $u_c(L')$ 有贡献的分量中，哪一个分量的标准不确定度是用 A 类方法评定？为什么？哪一个分量的标准不确定度是用 B 类方法评定？为什么？

习题一参考答案

1. （1）误差 δ = 测得值 X - 真值 L。由于真值难以求得，所以误差只有理论上的意义。

（2）由误差的概念可以导出误差的许多有用理论，如总体标准差（即理论标准差）、样本标准差（即实验标准差）、误差传播定律、算术平均值的标准差和误差的概率密度分布等。这些都是测量不确定度评定的理论基础。

2. 残差与误差的区别在于：误差 δ = 测得值 X - 真值 L，它只有理论上的意义。残差 v = 测得值 X - 最佳估计值 $\overline{X}$，它可以定量算得。

3. 第一回 $\overline{X}_{\mathrm{I}}$ = （20.10 + 20.15 + 20.12 + 20.11 + 20.13 + 20.14）/6 = 20.125mm。

$D(X_{\mathrm{I}})$ = （20.10 - 20.125）^{2} + （20.15 - 20.125）^{2} + （20.12 - 20.125）^{2} + （20.11 - 20.125）^{2} + （20.13 - 20.125）^{2} + （20.14 - 20.125）^{2} = 0.00175mm^2。

第二回 $\overline{X}_{\mathrm{II}}$ = （20.12 + 20.10 + 20.10 + 20.11 + 20.15 + 20.12 + 20.11 + 20.13 + 20.12 + 20.11）/10 = 20.117mm。

$D(X_{\mathrm{II}})$ = （20.12 - 20.117）^{2} + （20.10 - 20.117）^{2} + （20.10 - 20.117）^{2} + （20.11 - 20.117）^{2} + （20.15 - 20.117）^{2} + （20.12 - 20.117）^{2} + （20.11 - 20.117）^{2} + （20.13 - 20.117）^{2} + （20.12 - 20.117）^{2} + （20.11 - 20.117）^{2} = 0.0021mm^2。

4. （1）第一回测得值比较分散。因为第二回有 5 次与第一回测得值相同，另外 5 次测得值都较接近算术平均值，所以可明显地看出，第二回比第一回测得更准确一些。

（2）第二回测得值方差 $D(X_{\mathrm{II}})$ 反而比第一回的方差 $D(X_{\mathrm{I}})$ 大，这是因为 $D(X_{\mathrm{II}})$ 中的残差平方的项数增多之故。这说明方差 $D(X)$ 并不能确切地表征测得值的分散性。为此，宜将方差 $D(X)$

除以测量次数 n，表示各次残差平方的平均值。于是 $\dfrac{D(X_{\mathrm{I}})}{n_{\mathrm{I}}} =$

$\dfrac{0.00175}{6} = 0.000292\,\mathrm{mm}^2$，$\dfrac{D(X_{\mathrm{II}})}{n_{\mathrm{II}}} = \dfrac{0.0021}{10} = 0.00021\,\mathrm{mm}^2$

即 $\dfrac{D(X_{\mathrm{I}})}{n_{\mathrm{I}}} > \dfrac{D(X_{\mathrm{II}})}{n_{\mathrm{II}}}$，从而能更准确地反映分散性的实际情况。

5. 标准差是表征测量结果（即一组测得值 X_i）的分散性，标准差越大，表明测量结果的准确程度越差。由于残差 $v_i = X_i - \overline{X}$，而 $\overline{X}$ 是定值，所以标准差也表示残差的分散性。

6. 可能存在 4 种误差：（1）由分辨率引起的最大误差 $a = 0.01\,\mathrm{mm}$；（2）随机残差 $v_i = X_{\mathrm{I}} - \overline{X}$；（3）系统误差 e_{s}；（4）校准源不确定度的标准差 s_{A}。

7. （1）不相同。测量 20 次的算术平均值更接近于真值。如 $n \to \infty$，则 $\overline{X} =$ 真值。

（2）说明算术平均值 $\overline{X}$ 虽然比单次测得值 X_i 准确，但也不是十分准确。算术平均值 $\overline{X}$ 仍然是分散在其标准差 $s(\overline{X}) = \dfrac{s(X)}{\sqrt{n}}$ 的区间内，只不过 $s(\overline{X})$ 的区间比 $s(X)$ 的区间小。

8. 标准差 $s(X)$ 表示测得值在一定概率下的分散区间。例如误差为正态分布时，测得值 X_i 以 68.3% 的概率分散在 $\overline{X} - s(X)$ 至 $\overline{X} + s(X)$ 的区间内。标准不确定度 $u(X)$ 也是表示测得值在一定概率下的分散区间，这两个区间是完全重合的。所以可以用标准差 $s(X)$ 来表示标准不确定度 $u(X)$。

9. （1）卡尺的系统误差 $e_{\mathrm{s}} = L_i - \dfrac{99.00}{100.00} L_i = +0.01 L_i$，修正值 $\Delta L_i = -e_{\mathrm{s}} = -0.01 L_i$，于是 6 次测得值应修正为 $L_i' = L_i + 0.01 L_i$。计算得 L_i' 分别为 30.4mm，30.5mm，30.6mm，30.5mm，30.6mm，30.4mm。

（2）$\overline{L'} = 30.5\,\mathrm{mm}$。

$n = 6$，随机残差的标准差 $s_1(\overline{L}') = \sqrt{\dfrac{\sum\limits_{i=1}^{6}(L'_i - \overline{L}')}{n(n-1)}} = \dfrac{0.089}{\sqrt{6}} = 0.036\text{mm} = u_1(\overline{L}')$。

（3）分辨率引起读数最大误差的标准差（分辨率为 0.2mm，引起的读数最大误差 $a = 0.1\text{mm}$）

$$s_2(L') = \dfrac{a}{\sqrt{3}} = \dfrac{0.1}{\sqrt{3}} = 0.0577\text{mm} = u_2(L')。$$

（4）标准源标准不确定度 $u_3(L') = \dfrac{U_{95}(L)}{k_p} = \dfrac{0.1}{2} = 0.05\text{mm}$。

（5）合成标准不确定度

$$u_c(L') = \sqrt{(0.036)^2 + (0.0577)^2 + (0.05)^2} = 0.084\text{mm}。$$

$u_c(L')$ 的三个分量中，随机残差的标准不确定度 $u_1(\overline{L}')$ 及校准源标准不确定度 $u_3(L')$ 都接近于正态分布，只有分辨率的标准不确定度 $u_2(L')$ 为均匀分布，但占少数。因此，可认为合成标准不确定度 $u_c(L')$ 接近于正态分布，即置信概率为 95% 时 $k_p = 2$，$U_{95}(\overline{L}') = 0.084 \times 2 = 0.168\text{mm} \approx 0.2\text{mm}$，于是 $\overline{L}' = 30.5\text{mm}$，$U_{95}(\overline{L}') = 0.2\text{mm}$，$k_p = 2$。

（6）在 $u_c(L')$ 的三个分量中，$u_1(L')$ 是用 A 类方法评定，因为它是以这 6 个测得值计算出 $\overline{L}'$ 的实验标准差作为其标准不确定度。$u_3(L')$ 是用 B 类方法评定，因为它是引用生产卡尺的厂家提供的校准源不确定度。

第4章　房屋建筑质量通常测量项目及相应测量不确定度评定的探讨

　　为保证房屋建筑的质量，应根据国家制定的施工质量验收规范，如《民用建筑可靠性鉴定标准》（GB 50292—1999）、《混凝土结构工程施工质量验收规范》（GB 50204—2002）、《砌体工程施工质量验收规范》（GB 50203—2002）等对房屋建筑的各部分如地基基础；上部承重结构；围护系统的屋面防水；防雷及房屋建筑的非承重内墙、外墙、门窗；室内给水排水设施；防火系统；房屋建筑电器或照明系统都应进行必要的测量。

　　房屋建筑质量测量项目中最基本的项目为：对建筑材料性能的测量和对建筑制品的质量测量两种。另外，按测量的性质可分为定性测量和准确定量测量两类。不论那一种类的测量都是为了核实测量对象的质量是否合格。

　　1. 定性检测指的是从测量结果立即可判定检测对象的质量是否合格。对房屋建筑质量常见的定性检测项目如下：

　　（1）屋顶的渗漏、卫生间楼板的渗漏、室内外墙体的渗漏、屋顶及卫生间穿过楼板水管的缝隙渗漏等。

　　（2）外窗的透气性、透雨水和抗风压的性能测量，从而对外窗等级能作出定性结论。

　　（3）对房屋建筑所用预应力管桩的外观检测，察看管桩有无裂缝、有无破损、管桩内外壁有无凹凸不平、管桩顶部灰浆有无不饱满等。如有这些缺陷，即可判定该管桩属于不合格制品。

　　（4）对其他建筑制品的外观检测，如察看水管有无裂纹、有无破损；电线绝缘外表有无龟裂或脱落；电器或照明开关、插座有无破损等。

2. 准确定量测量指的是测量结果不但具有数值，而且还具有置信概率，即进行不确定度评定，使得测量结果具有完整的意义，并便于与其他实验室的测量结果进行比对。对房屋建筑质量测量宜进行准确定量测量的项目，建议如下：

（1）对人工挖孔桩的基岩，如钻取岩石试块测量其抗压强度，则应进行测量不确定度评定。

（2）对人工挖孔桩所用的混凝土和钢筋，应测定其试件或试样的强度，并进行测量不确定度评定。

（3）对人工挖孔桩已灌成桩身，如钻取芯样以测量其强度，则应进行测量不确定度评定。

（4）对沉管灌注桩所用的混凝土和钢筋，应测量其试件或试样的强度，并进行测量不确定度评定。

（5）房屋建筑中受力部件所用的混凝土、钢筋、砖或其他砌块、砌筑用的砂浆，应测量其试件或试样的强度，并进行测量不确定度评定。

（6）房屋建筑用的建筑制品，如给水管材的耐压性能、照明或电器用的电线电阻等，其质量影响房屋建筑的使用功能，要进行测量，并进行测量不确定度评定。

（7）房屋建筑屋面的防雷设施（避雷针或避雷网）的电阻值，涉及防雷安全问题，应进行测量，并进行准确定量测量。一般是用兆欧表测定避雷设施的电阻值，并进行测量不确定度评定。其测量不确定度包括四个有贡献的分量（1）仪表校准源不确定度 u_A；（2）由于测量的随机误差产生的不确定度；（3）由于仪表读数分格的分辨率产生的测量不确定度；（4）数值修约测量不确定度。将这四者按误差传播定律进行合成，其计算方法已详述于第3章中，此处不再赘述。

（8）除以上所述之外，还要考虑房屋建筑所用的各种装饰材料（以及所购置的家具）往往会发出对人体健康有害的污染物，如放射性核素、氡 $R_n - 222$、苯、甲醛、氨、总挥发性有机化合物（TVOC）和二苯二导氰酸酯（TDI）等，所以应准确定量测量室内空气质量，以判定这些污染物是否超标，并进行测量不确定度评定。

上述各项具体的准确定量测量计算方法，将详述于第5章至第8章中。

最后要提到的是：（1）建筑材料的砂、碎石、颗粒级配试验。由于砂、碎石颗粒本身的不均匀性很大，累计筛余（%）的区间又比较大，一般都能符合普通混凝土用的砂、碎石质量标准，所以没有必要进行测量不确定度评定。（2）有些测量虽然能得出定量的结果，例如用回弹仪测量混凝土强度，但由于回弹仪测得的强度值不是十分准确，只能作为参考值，所以不必进行测量不确定度评定。（3）防火系统的检测是由消防部门的专业人员进行，其检测方法不属于本书的论述范围。

第5章 钢筋性能测量不确定度评定

钢筋的性能应从其工艺性能和力学性能两方面进行检测，其工艺性能是以在规定的弯心直径和弯曲角度下所进行的弯曲试验来判定。如在弯曲处不发生裂缝、断裂或起层，即认为工艺性能合格。它是定性的检测结果，无需进行测量不确定度评定。

钢筋的力学性能是通过拉伸试验测量其下屈服点强度 R_{eL}、抗拉强度 R_m 及断裂时总伸长率 A_{sgt} 来判定其性能是否合格，这三者都具有定量测量结果，因此应进行测量不确定度评定。

5.1 钢筋下屈服点强度测量不确定度评定

1. 测量钢筋下屈服点强度的数学模型

钢筋的下屈服点强度是用液压万能材料试验机对钢筋进行拉伸，读出达到下屈服点时的拉力，然后再按公式计算出下屈服点强度。这是一种间接测量，其数学模型为：

$$R_{eL} = \frac{F_y}{\frac{1}{4}\pi d^2} \tag{19}$$

式中　F_y—— 钢筋下屈服点的拉力（ kN），为数学模型的输入量；

d——钢筋的公称直径（ mm），是定值；

R_{eL}——钢筋下屈服点强度（ MPa），为数学模型的输出量。

2. 钢筋下屈服点强度的标准不确定度

在评定 $u(F_y)$ 时，考虑到对钢筋的拉伸试验为一次性破坏性测量，无法在同一条件下进行多次性重复测量，所以无法进行不确定度的 A 类评定，而只能进行 B 类评定。对 $u(F_y)$ 有贡献的分量有 3 个：

（1）试验机准确度引起的最大示值误差。例如，所用的试验机的准确度为 1 级，即最大示值误差为 $0.01F_y$，该误差可认为是均匀分布，所引起的相对标准不确定度为：

$$\frac{u_1\left(F_y\right)}{F_y} = \frac{0.01F_y}{F_y\sqrt{3}} = \frac{0.01}{\sqrt{3}} = 0.577\% \qquad (20)$$

（2）试验机读数盘的读数分辨率引起的不确定度。由于读取下屈服点强度时，出现应力与应变之间的初始瞬间效应，即读数盘的指针从上屈服点读数下降后，不断摆动，然后再上升，以致用眼观测时，较难准确地读出下屈服点（即指针摆动到最低点）时的拉力 F_y，其读数最大误差可达到 1 分格，即 1kN。这种误差呈均匀分布，所引起的标准不确定度为：

$$u_2(F_y) = \frac{1}{\sqrt{3}} = 0.577\text{kN}$$

其相对标准不确定度为：

$$\frac{u_2\left(F_y\right)}{F_y} = \frac{0.577 \times 100}{F_y}\% \qquad (21)$$

（3）试验机校准源的标准不确定度。例如上述准确度为 1 级的试验机，经计量局校准后，给出的校准源相对扩展不确定度为 0.3%，呈正态分布 $k_p = 2$，于是其相对标准不确定度为：

$$\frac{u_A\left(F_y\right)}{F_y} = \frac{0.03\%}{k_p} = \frac{0.03\%}{2} = 0.15\% \qquad (22)$$

注意到 $u_1\left(F_y\right)$、$u_2\left(F_y\right)$ 及 $u_A\left(F_y\right)$ 三者互不相关，所以合成相对标准不确定度为：

$$\frac{u_c(F_y)}{F_y} = \sqrt{\left[\frac{u_1(F_y)}{F_y}\right]^2 + \left[\frac{u_2(F_y)}{F_y}\right]^2 + \left[\frac{u_A(F_y)}{F_y}\right]^2} \qquad (23)$$

从式（20）、（21）、（22）可看出在合成相对标准不确定度中，均匀分布占多数，因此可认为 $u_c(F_y)$ 接近于均匀分布，即 $U_{95}(F_y) = k_p u_c(F_y) = 1.65 u_c(F_y)$。至于式（19）中公称直径 d 应认为是定值，不必评定其不确定度。因为钢筋的力学性能测量是属于对建筑制品的质量检测。我们所关心的是该公称直径为 d 的钢筋所能承受的拉力 F_y 是否合格，而不仅是钢筋材质的应力是否合格。例如，对公称直径 $d = 20\text{mm}$ 的光圆钢筋 R_{eL} 的合格标准为 $R_{eL} = 235\text{MPa}$，所能承受下屈服点的拉力应为 $F_y \geqslant \dfrac{1}{4} \pi d^2 R_{eL} \geqslant \dfrac{1}{4} \pi (20)^2 \times 235 \geqslant 73.83\text{kN}$。所以，如试验结果 $F_y < 73.83\text{kN}$，无论是 $d < 20\text{mm}$ 或 $R_{eL} < 235\text{MPa}$，试验结果都能显示出该钢筋为不合格产品。钢筋的实际直径比公称直径大一点或小一点不是主要问题。因建筑工程上对钢筋直径的允许误差可以较大，不像机械工程上对圆轴直径要求那么精密，所以不必评定公称直径 d 的测量不确定度。

$$\text{综上所述：} \frac{u_c(R_{eL})}{R_{eL}} = \sqrt{\left[\frac{u_c(F_y)}{F_y}\right]^2} = \frac{u_c(F_y)}{F_y}$$

$$= \sqrt{\left[\frac{u_1(F_y)}{F_y}\right]^2 + \left[\frac{u_2(F_y)}{F_y}\right]^2 + \left[\frac{u_A(F_y)}{F_y}\right]^2}$$

【例 11】用准确度为 1 级的液压万能材料试验机拉伸一根直径 $d = 25\text{mm}$ 带肋钢筋，测得下屈服点拉力 $F_y = 164.5\text{kN}$，试验机的校准源相对扩展不确定度为 0.3%（正态分布，置信概率为 95%），试计算该带肋钢筋的下屈服点强度及置信概率为 95% 的扩展不确定度。

【解】由式（19）得：

$$R_{eL} = \frac{F_y}{\frac{1}{4}\pi d^2} = \frac{164.5 \times 1000}{\frac{1}{4}\pi(25)^2} = 335.1 \frac{\text{N}}{\text{mm}^2} = 335.1 \times 10^6 \frac{\text{N}}{\text{m}^2} = 335.1\text{MPa}。$$

由于拉伸试验是一次性破坏性试验，所以只能用 B 类不确定度评定方法。对 $u_c(F_y)$ 有贡献的分量有 3 个：

（1）试验机准确度引起的最大示值误差，所引起的相对标准不确定度，由式（20）得：

$$\frac{u_1(F_y)}{F_y} = \frac{0.01F_y}{F_y \sqrt{3}} = \frac{0.01}{\sqrt{3}} = 0.577\%$$

（2）试验机读数分辨率引起的相对标准不确定度，由式（21）得：

$$\frac{u_2\ (F_y)}{F_y} = \frac{0.577 \times 100\%}{F_y} = \frac{0.577 \times 100\%}{164.5} = 0.351\%$$

（3）试验机校准源相对标准不确定度，由式（22）得：

$$\frac{u_A\ (F_y)}{F_y} = \frac{0.03\%}{2} = 0.15\%$$

R_{eL} 的相对合成标准不确定度，由式（23）得：

$$\frac{u_c(R_{eL})}{R_{eL}} = \sqrt{(0.577\%)^2 + (0.351\%)^2 + (0.15\%)^2} = 0.00692$$

$$u_c(R_{eL}) = R_{eL} \times 0.00692 = 335.1 \times 0.00692 = 2.3\text{MPa}$$

$u_c(R_{eL})$ 接近于均匀分布，于是置信概率为95%时 $k_P = 1.65$。

测量结果为 $R_{eL} = 335.1\text{MPa}$；$U_{95}(R_{eL}) = 1.65 \times 2.3 = 3.8\text{MPa}$；$k_P = 1.65$。

带肋钢筋 R_{eL} 的合格标准是 $R_{eL} = 335\text{MPa}$。现测得该钢筋的 $R_{eL} = 335.1\text{MPa}$，如不考虑测量不确定度，则该钢筋应判定为合格产品。但考虑测量不确定度之后，表明该钢筋的测得值是以95%的概率分散在 [（335.1 − 3.8）MPa，（335.1 + 3.8）MPa] 即 [331.3MPa，338.9MPa] 区间内，而且 $R_{eL} < 335\text{MPa}$ 的概率为：

$$\frac{335 - 331.3}{338.9 - 331.3} \times 95\% = \frac{3.7}{7.6} \times 95\% = 46\%$$

可见，该钢筋应判定为"紧限不合格"。其不合格的概率竟达46%，这充分说明测量不确定度在国际商贸、生产安全、质量控制等领域的重要作用。

5.2　钢筋抗拉强度测量不确定度评定

1. 测量钢筋抗拉强度的数学模型

和测量钢筋下屈服点强度类似，抗拉强度也是间接测量，其数学模型为：

50

$$R_m = \frac{F_m}{\frac{1}{4}\pi d^2} \qquad (24)$$

式中　　F_m——钢筋断裂时最大拉力（kN），为数学模型的输入量；

　　　　d——钢筋的公称直径，是定值，不必进行测量不确定度评定；

　　　　R_m——钢筋的抗拉强度（MPa），是数学模型的输出量。

2. 钢筋抗拉强度的标准不确定度 $u(R_m)$ 评定

测量钢筋的抗拉强度也是一次性破坏性试验，所以和测量钢筋下屈服点强度一样，只能用 B 类方法评定其标准不确定度，即应用式（23）。其各分量可套用式（20）至式（22）。

【例12】用准确度为 1 级的液压万能材料试验机拉伸一根直径 $D_0 = 20\text{mm}$ 的光圆钢筋，测得该钢筋断裂时最大拉力 $F_m = 117.8\text{kN}$。试验机的校准源相对扩展不确定度为 0.3%（正态分布，置信概率为 95%）。试计算该光圆钢筋的抗拉强度 R_m 及置信概率为 95% 的扩展不确定度 $U_{95}(R_m)$。

【解】由式（24）得：

$$R_m = \frac{F_m}{\frac{1}{4}\pi d^2} = \frac{117.8\text{kN} \times 4}{\pi \times 400\text{mm}^2} = \frac{117.8 \times 1000 \times 4 \times 10^6}{\pi \times 400}\frac{\text{N}}{\text{m}^2}$$

$$= 375 \times 10^6 \text{Pa} = 375\text{MPa}$$

由式（20）得：

$$\frac{u_1(F_m)}{F_m} = \frac{0.01 F_m}{F_m \sqrt{3}} = \frac{0.01}{\sqrt{3}} = 0.577\%$$

测量抗拉强度时，读数盘的指针无摆动，因此读数分辨率可达 1/5 分格，读数最大误差 $a = \frac{1}{10}$ 分格 $= \frac{1}{10} \times 1\text{kN} = 0.1\text{kN}$，呈均匀分布，所引起的标准不确定度为：

$$u_2(F_m) = \frac{0.1\text{kN}}{\sqrt{3}} = 0.0577\text{kN}$$

其相对标准不确定度为：

$$\frac{u_2(F_m)}{F_m} = \frac{0.0577 \times 100\%}{F_m} = \frac{0.0577 \times 100\%}{117.8} = 0.049\%$$

试验机的校准源相对标准不确定度，由式（22）得：

$$\frac{u_A(F_m)}{F_m} = \frac{0.03\%}{k_p} = \frac{0.03\%}{2} = 0.15\%$$

R_m 的相对合成标准不确定度，由式（23）得：

$$\frac{u_c(R_m)}{R_m} = \sqrt{(0.577\%)^2 + (0.049\%)^2 + (0.15\%)^2} = 0.598\%$$

$$u_c(R_m) = R_m \times 0.598\% = 375 \times 0.00598 = 2.24\text{MPa}$$

u_c（R_m）/R_m 各项中以均匀分布占多数，于是 u_c（R_m）可认为接近于均匀分布。因此，置信概率为 95% 时，$k_p = 1.65$。

$$U_{95}(R_m) = k_p \times u_c(R_m) = 1.65 \times 2.24 = 3.7\text{MPa}$$

换言之，测量结果表明 R_m 是以 95% 概率分散在 [（375 − 3.7）MPa，（375 + 3.7）MPa] 即 [371.3MPa，378.3MPa] 区间。

$d = 200$mm 光滑钢筋抗拉强度的合格标准为 $R_m \geqslant 370$MPa。现测量结果发现在置信概率为 95% 的区间中，可能最小测得值为 371.3MPa，大于 370MPa，因此该钢筋可判定为完全合格，这也说明考虑测量不确定度之后，产品的合格标准大为提高，有力地保证了产品的质量。

5.3 钢筋断裂时伸长率测量不确定度评定

1. 测量钢筋断裂伸长率的数学模型

钢筋断裂伸长率也是间接测量，其数学模型为：

$$A_{5gt} = \frac{L_u - L_0}{L_0} \times 100\% = \left(\frac{L_u}{L_0} - 1\right) \times 100\% \tag{25}$$

式中　L_u——钢筋断后标距（mm），为该数学模型的输入量；

　　　L_0——5 倍于钢筋公称直径 D_0 的原始标距（mm），由于标距打点机打出来的标距很准确，所以 L_0 可认为是定值，不必进行测量不确定度评定；

A_{5gt}——原始标距 L_0 为钢筋公称直径 d 的 5 倍时的断裂伸长率（%），其合格标准为 $A_{5gt} \geqslant 26\%$。

2. 钢筋断裂伸长率的测量不确定度评定

依据间接测量合成标准不确定度计算式，式（13）得：

$$u_1(A_{5gt}) = \frac{u(L_u)}{L_0} \tag{26}$$

对 L_u 标准不确定度有贡献的分量有二：

第一，测量标距通常用的刻度为 1mm 的钢尺，由于钢尺刻度分辨率引起的读数最大误差为 0.5mm，该误差呈均匀分布，其标准不确定度为：

$$u_1(L_u) = \frac{0.5}{\sqrt{3}} = 0.29\text{mm},$$

由式（26）得： $u_1(A_{5gt}) = \frac{u_1(L_u)}{L_0} = \frac{0.29}{L_0} \tag{27}$

第二，由 A_{5gt} 数值修约引起的标准不确定度。按规范规定，A_{5gt} 应修约到百分数的整数位，即修约间隔为 0.5%，所引起的最大误差为 0.25%，该误差也呈均匀分布，其标准不确定度为：

$$u_2(A_{5gt}) = \frac{0.25}{\sqrt{3}} = 0.14\% \tag{28}$$

于是，可按误差传播定律求得 A_{5gt} 的合成标准不确定度为：

$$u_c(A_{5gt}) = \sqrt{\left[u_1(A_{5gt})\right]^2 + \left[u_2(A_{5gt})\right]^2} \tag{29}$$

在测量断后标距 L_u 时，要注意区分两种不同情况：

第一种，如断裂发生在断后标距 L_u 的中点，则只要测量一次标距两端的长度 L_0 即可。然后按式（27）计算 $u_1(A_{5gt})$。

第二种，设原始标距共有 N 格，如断裂发生在打点间格的 O 格至 M 格长度的中点附近，由于各间格不是均匀伸长，而且各间格的伸长率不对称于断裂点，所以应先测量一次由 O 格至 M 格的长度 L_1，然后再测量由 M 格至 N 格的中点长度 L_2。这是因为 M 格至 N 格的各间格的伸长不均匀，所以只好取（N-M）格的一半的伸长率作为（N-M）各间格伸长率的平均值。于是：

$$L_u = L_1 + 2L_2 \qquad (30)$$

如图 7 所示。

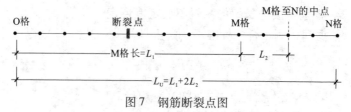

图 7　钢筋断裂点图

在这种情况下，L_u 是间接测量，在测量 L_1 时发生一次因钢尺刻度分辨率引起的读数最大误差，在测量 L_2 时又发生一次上述误差，由误差传播定律得：

$$u_1(L_u) = \sqrt{[u_1(L_1)]^2 + [2u_1(L_2)]^2}$$
$$= \sqrt{(0.29)^2 + (2 \times 0.29)^2} = 0.65\text{mm} \qquad (31)$$

由式（27）得：$u_1(A_{5gt}) = u_1(L_u)/L_0 = 0.65/L_0 \qquad (27A)$

式（29）中 A_{5gt} 的标准不确定度各分量都是均匀分布，因此，

$$U_{95}(A_{5gt}) = k_p u_c(A_{5gt}) = 1.65 \times u_c(A_{5gt})$$

【例13】$d = 20\text{mm}$ 光圆钢筋，原始标距 $L_0 = 5d = 100\text{mm}$，拉断时断裂点在第四分格中点附近，测量得由 O 分格至 7 分格的长度 $L_1 = 89\text{mm}$，由 7 分格至 10 分格共 3 个分格的中点处的长度 $L_2 = 19\text{mm}$，试计算伸长率 A_{5gt} 及其不确定度。

【解】由式（30）得：$L_u = L_1 + 2L_2 = 89 + 2 \times 19 = 127\text{mm}$。

由式（25）得：$A_{5gt} = \left(\dfrac{L_u}{L_0} - 1\right) \times 100\% = \left(\dfrac{127}{100} - 1\right) \times 100\% = 27\%$

由式（27A）得：$u_1(A_{5gt}) = \dfrac{0.65}{L_0} = \dfrac{0.65}{100} = 0.65\%$

由式（29）得：$u_c(A_{5gt}) = \sqrt{[u_1(A_{5gt})]^2 + [u_2(A_{5gt})]^2}$
$$= \sqrt{(0.65\%)^2 + (0.14\%)^2} = 0.66\%$$

$$U_{95}(A_{5gt}) = 1.65 \times 0.66\% = 1.09\% \approx 1\%, k_p = 1.65。$$

计算结果表明，置信概率为 95% 时 A_{5gt} 分散在 ［26%，28%］ 区间中，可能的最小测得值为 26%，等于合格标准，该钢筋可判断为完全合格。

5.4 钢筋材质有无差异的判断

同一厂家同一批次生产出来的钢筋，其力学性能有无差异是保证钢筋性能合格的一个重要标志之一。钢筋运进建筑工地后，一般应在每一验收批（60t）钢筋的不同堆放处任取两根钢筋，测量其下屈服点强度和抗拉强度。然后按下列两种方法进行判断。

1. 第一种方法。以 R_{eL2} 值为中心，查看 R_{eL1} 值是否在 R_{eL} 的标准不确定度 $u(R_{eL2})$ 的分散区间之内，为此可用下列两式表示：

如 $\qquad R_{eL1} < R_{eL2} + u(R_{eL2})$ $\qquad$ (32)

或 $\qquad R_{eL1} > R_{eL2} - u(R_{eL2})$ $\qquad$ (33)

则这两根钢筋材质无差异。因为在这种情况下，R_{eL1} 是 R_{eL2} 的可能测得值之一，表明 R_{eL1} 与 R_{eL2} 相差不大，所以可认为材质无差异。

2. 第二种方法。以 $u(R_{eL1})$ 和 $u(R_{eL2})$ 的合成标准不确定度和 R_{eL1} 与 R_{eL2} 的差值，来判断这两根钢筋的材质有无差异。

令 $A_{eL} = |R_{eL1} - R_{eL2}|$，注意到 A_{eL} 值可看做是间接测量，其合成不确定度为 $u_c(A_{eL})$

$$u_c(A_{eL}) = \sqrt{[u(R_{eL1})]^2 + [u(R_{eL2})]^2}$$

取 $\qquad E_{eL} = \dfrac{A_{eL}}{u_c(A_{eL})} = \dfrac{|R_{eL1} - R_{eL2}|}{\sqrt{[u(R_{eL1})]^2 + [u(R_{eL2})]^2}}$ $\qquad$ (34)

如 $E_{eL} < 1$，则表明这两根钢筋的 R_{eL} 值比较接近，材质无差异。反之，如 $E_{eL} > 1$，表明 $|R_{eL1} - R_{eL2}|$ 的差值较大，即材质有差异。

同理，两根钢筋抗拉强度的测量结果也可用式（32）或（33）及（34）来判断其材质有无差异。

【**例 14**】同一验收批抽取的两根带肋钢筋的测量结果为：

第一根　$R_{eL1} = 338.4\text{MPa}$，$u(R_{eL1}) = 3.1\text{MPa}$，$R_{m1} = 459.5\text{MPa}$，$u(R_{m1}) = 1.2\text{MPa}$；

第二根　$R_{eL2} = 339.0\text{MPa}$，$u(R_{eL2}) = 3.0\text{MPa}$，$R_{m2} = 456.2\text{MPa}$，$u(R_{m2}) = 1.2\text{MPa}$。

试判断这两根钢筋的材质有无差异。带肋钢筋的合格标准为：$R_{eL} = 335\text{MPa}$，$R_m = 455\text{MPa}$（见 GB 1499.2—2007）。

【**解**】1. 用 R_{eL} 的测量结果来判断。

（1）第一种方法：

由式（32）得 $R_{eL1} < R_{eL2} + u(R_{eL2})$　即 338.4MPa < 342MPa

由式（33）得 $R_{eL1} > R_{eL2} - u(R_{eL2})$　即 338.4MPa > 336MPa

第一种方法计算结果表明，这两根钢筋材质无差异。

（2）第二种方法：

由式（34）得 $E_{eL} = \dfrac{|R_{eL1} - R_{eL2}|}{\sqrt{[u(R_{eL1})]^2 + [u(R_{eL2})]^2}}$

$$= \frac{0.6}{4.31} = 0.14 < 1$$

第二种方法计算结果同样表明，这两根钢筋材质无差异。

2. 用 R_m 的测量结果来判断。

（1）第一种方法：

$R_{m1} > R_{m2} + u(R_{m2})$　即 459.5MPa > 457.4MPa，不符合式（32）要求。

第一种方法计算结果表明，R_{m2} 值在 R_{m1} 值的标准不确定度 $u(R_{m1})$ 的分散区间之外，即表明这两根钢筋材质有差异。

（2）第二种方法：

由式（34）得：$E_m = \dfrac{|R_{m1} - R_{m2}|}{\sqrt{[u(R_{m1})]^2 + [u(R_{m2})]^2}}$

$$= \frac{3.3}{1.7} = 1.94 > 1$$

第二种方法计算结果同样表明，这两根钢筋材质有差异。

为什么根据 R_{eL} 检测结果未能判断出这两根钢筋的材质有差异？那是因为 $u(R_{eL})$ 值比较大，$u(R_{eL})/R_{eL}$ 分别为（3.1/338.4）＝0.9％及（3.0/339）＝0.88％，因此，式（34）中的 $u_c(A_{eL})$ 比较大，于是，算出的 E_{eL} 值比较小，从而掩盖了这两根钢筋材质的差异。而 R_m 的测量结果就比较准确。$u(R_m)/R_m$ 分别为（1.2/459.5）＝0.261％及（1.2/456.2）＝0.263％，因此，式（34）中 $u_c(A_m)$ 比较小，算出的 E_m 就大于 1，从而揭示了这两根钢筋材质的差异。

从分析 $u(R_{eL})$ 或 $u(R_m)$ 的有贡献分量，可以看出试验机的最大示值误差和试验机校准源的不确定度都是取决于试验机的性能，是实验人员所不能改变的已固定的值。唯一可降低测量不确定度的因素，是提高读数分辨率，尤其是在低量程时，分辨率误差的影响更为显著。所以应设法尽量减小该误差。例如，用电子计算机采集数据，就可较准确地读出下屈服点的拉力。

通过本例，也说明了引用不确定度之后，为进一步提高测量工作的准确程度找出了改进方向。

本 章 小 结

1. 考虑到钢筋力学性能的测量不确定度之后，置信概率为 95％ 的钢筋合格标准大为提高，有力地保证了钢筋的力学性能合格，从而有效保证了建筑物的安全。

2. 钢筋的拉伸试验是一次性破坏性的试验，所以对测量结果只能用 B 类方法评定其测量不确定度。

3. 钢筋力学性能的检测是属于间接测量，为此应首先建立测量用的数学模型，确定其输入量和输出量。至于钢筋的公称直径 d，可认为是定值，不必进行测量不确定度评定。

4. 为判断同一验收批两根钢筋的材质有无差异，只有提高测量的准确程度才能实现。

第6章 混凝土或砌筑砂浆抗压强度的测量不确定度的评定

混凝土抗压强度和砌筑砂浆抗压强度以及钢材抗拉强度的测量都是属于建筑材料质量的检测，不像检测钢筋那样是对制品质量的检测，而材料质量的检测只能通过对材料的试件（或试块）来进行。所以，除了应测量试件所受的力之外，还要测量试件的尺寸。本章以测量砌筑砂浆试块的抗压强度为例，说明其测量不确定度评定方法，其基本原理同样适用于混凝土试块抗压强度和钢材试件抗拉强度的测量。

6.1 测量砌筑砂浆试块抗压强度的数学模型

砌筑砂浆试块的抗压强度是间接测量，其数学模型为：

$$f_{cu} = \frac{F}{ab} \tag{35}$$

式中 F——试块出现碎裂时的加压荷载（kN）；

a——试块中的一边长（mm）；

b——试块垂直于 a 的另一边长（mm），a、b 均指平行于浇捣面的边长；

f_{cu}——砌筑砂浆试块的抗压强度（MPa）。

式（35）中 F、a、b 是数学模型的输入量，f_{cu} 是数学模型的输出量。根据间接测量的标准不确定度合成公式，式（16）得：

$$\frac{u(f_{cu})}{f_{cu}} = \sqrt{\left[\frac{u_c(F)}{F}\right]^2 + \left[\frac{u_c(a)}{a}\right]^2 + \left[\frac{u_c(b)}{b}\right]^2} \tag{36}$$

式中 $u_c(F)$——对 $u(F)$ 有贡献的各分量的合成标准不确定度；

$u_c(a)$——对 $u(a)$ 有贡献的各分量的合成标准不确定度；

$u_c(b)$——对 $u(b)$ 有贡献的各分量的合成标准不确定度。

此外，试验是在室温下进行，环境室温对不确定度影响可以忽略。加荷速率应严格按规范要求 $\leqslant 1.5\text{kN/s}$。操作时，每压完一试块都用毛刷清除上下压力板的残渣，使之保持洁净，从而使试块与压力板之间的摩擦状况保持不变。于是，这两个因素对不确定度的影响也都可忽略。综上所述，按式（36）评定测量不确定度即可。

6.2 测量砌筑砂浆试块抗压强度所用的仪器及测量不确定度评定

砂浆试块的加压荷载一般用液压式压力试验机。由于砂浆试块抗压试验是一次性破坏性试验，所以只能用 B 类方法来评定加压荷载 F 的测量不确定度 $u_c(F)$。对 $u_c(F)$ 有贡献的分量有三个：

第一，试验机准确度引起的最大示值误差相应的标准不确定度，$u_1(F) = 0.01F$，呈均匀分布。于是，其相对标准不确定度为：$\dfrac{u_1(F)}{F} = \dfrac{0.01F}{F\sqrt{3}} = 0.00577$；

第二，试验机读数分辨率引起的读数最大误差为 1/10 分格，即 $(1000/10) = 100\text{N}$，也呈均匀分布，于是相应的相对标准不确定度为：$\dfrac{u_2(F)}{F} = \dfrac{100\text{N}}{F(\text{kN})\sqrt{3}\times 10^3} = \dfrac{0.0577}{F}$；

第三，试验机校准源相对标准不确定度 $\dfrac{u_A(F)}{F}$ 呈正态分布。

然后依据误差传播定律，求得合成相对标准不确定度为：

$$\frac{u_c(F)}{F} = \sqrt{\left[\frac{u_1(F)}{F}\right]^2 + \left[\frac{u_2(F)}{F}\right]^2 + \left[\frac{u_A(F)}{F}\right]^2} \quad (37)$$

测量砂浆试块的尺寸，常用的是游标卡尺。由于试块尺寸是在破坏之前测量，可以进行多次重复测量，从而尺寸的测量不确定度可进行 A 类评定。但为节省时间和精力，一般只对一组 6 个试块中的第一块进行 A 类评定。其余 5 个试块则只测量一次，其不确定度采用第一块的单次测量的实验标准差作为不确定度 B 类评定的依据。

用游标卡尺测量试块尺寸时，对 $u(a)$ 或 $u(b)$ 有贡献的分量也有三个：

第一，随机残差的标准差相应的标准不确定度 $s_1(a) = u_1(a)$，$s_1(b) = u_1(b)$；

第二，分辨率引起的读数最大误差的标准差相应的标准不确定度 $s_2(a) = u_2(a)$，$s_2(b) = u_2(b)$；

第三，校准源不确定度 $u_A(a)$，$u_A(b)$。

上述三个分量依据误差传播定律，求得合成标准不确定度 $u_c(a)$ 及 $u_c(b)$。

$$u_c(a) = \sqrt{[u_1(a)]^2 + [u_2(a)]^2 + [u_A(a)]^2} \quad (38)$$

$$u_c(b) = \sqrt{[u_1(b)]^2 + [u_2(b)]^2 + [u_A(b)]^2} \quad (39)$$

【例 15】用准确度为 1 级的 NYL—300 液压式压力试验机进行一组 6 个砂浆试块的抗压强度试验。试验机的分格值为 1kN，校准源的不确定度为 0.3%（$k_p = 2$），试块尺寸 a、b 分别用分辨率为 0.2mm 两根不同的游标卡尺测量。卡尺的校准源不确定度为 0.1mm（正态分布，$k_p = 2$），对第一试块的尺寸用卡尺测量 6 次（即 $n = 6$），其测得值如下：

序数 i	第一次	第二次	第三次	第四次	第五次	第六次
a_i (mm)	70.0	70.9	71.0	70.9	71.0	70.9
b_i (mm)	70.9	71.1	71.2	71.4	70.9	71.0

对第二试块至第六试块的 a 边及 b 边都分别用不同的卡尺各测量 1 次,其测得值如下:

	第二试块	第三试块	第四试块	第五试块	第六试块
a(mm)	70.8	70.7	70.9	70.6	70.8
b(mm)	71.0	71.2	70.9	71.2	71.4

对这六个试块,用压力机进行一次性破坏性试验,其加压荷载的测得值如下:

	第一试块	第二试块	第三试块	第四试块	第五试块	第六试块
F(kN)	93.4	92.5	90.3	90.0	95.5	92.5

试计算这一组砂浆试块的抗压强度并进行测量不确定度评定。

【解】对第一试块($n=6$)算得:

$$\bar{a} = \frac{\sum_{i=1}^{6} a_i}{n} = \frac{(70.0 + 70.9 + 71.0 + 70.9 + 71.0 + 70.9)}{6} = 70.78$$

$$s_1(a) = \sqrt{\frac{\sum_{i=1}^{6}(a_i - \bar{a})^2}{n-1}} = 0.387\text{mm} = u_1(a)$$

$$s_1(\bar{a}) = \frac{s_1(a)}{\sqrt{n}} = 0.158\text{mm} = u_1(\bar{a})$$

$$\bar{b} = \frac{\sum_{i=1}^{6} b_i}{n} = \frac{(70.9 + 71.1 + 71.2 + 71.4 + 70.9 + 71.0)}{6} = 71.08 \text{ mm}$$

$$s_1(b) = \sqrt{\frac{\sum_{i=1}^{6}(b_i - \bar{b})^2}{n-1}} = 0.194\text{mm} = u_1(b)$$

$$s_1(\bar{b}) = \frac{s_1(b)}{\sqrt{n}} = 0.079\text{mm} = u_1(\bar{b})$$

上述的 u_1 (a) 及 u_1 (b) 分别作为第二试块至第六试块的 a 边及 b 边的 B 类不确定度评定的依据。

由式（35）得各个砂浆试块的抗压强度值如下：

	第一试块	第二试块	第三试块	第四试块	第五试块	第六试块
f_{cu} (MPa)	18.56	18.40	17.94	17.90	19.00	18.30

卡尺的读数分辨率为 0.2mm，引起的读数最大误差为 0.1mm，于是：

$$s_2 (a) = \frac{0.1\text{mm}}{\sqrt{3}} = 0.0577\text{mm} = u_2 (a)$$

$$s_2 (b) = \frac{0.1\text{mm}}{\sqrt{3}} = 0.0577\text{mm} = u_2 (b)$$

卡尺的校准源标准不确定度：

$$s_A (a) = \frac{0.1\text{mm}}{2} = 0.05\text{mm} = u_A (a)$$

$$s_A (b) = \frac{0.1\text{mm}}{2} = 0.05\text{mm} = u_A (b)$$

现将各个试块算出的 u_c (F) $/F$ 的各分量代入式（37），算得各个试块 u_c (F) $/F$ 的合成相对标准不确定度如下：

	第一试块	第二试块	第三试块	第四试块	第五试块	第六试块
u_c (F) $/F$ (%)	0.60	0.60	0.60	0.60	0.60	0.60

将各个试块按式（38）算得的 $u_c(a)$ 及测得值 a，求得 $u_c(a)/a$ 合成相对标准不确定度如下：

	第一试块	第二试块	第三试块	第四试块	第五试块	第六试块
u_c (a) $/a$ (%)	0.25	0.56	0.56	0.56	0.56	0.56

再将各个试块按式（39）算得各个试块 $u_c(b)$ 及测得值 b，

求得 $u_c(b)/b$ 合成相对标准不确定度如下：

	第一试块	第二试块	第三试块	第四试块	第五试块	第六试块
$u_c(b)/b$ (%)	0.15	0.29	0.29	0.29	0.29	0.29

然后将上述算出的各个试块的 $\dfrac{u_c(F)}{F}$、$\dfrac{u_c(a)}{a}$ 及 $\dfrac{u_c(b)}{b}$ 值代入式（36），算出各个试块的抗压强度的合成相对标准不确定度及合成标准不确定度如下：

	第一试块	第二试块	第三试块	第四试块	第五试块	第六试块
$u(f_{cui})/f_{cui}$ (%)	0.67	0.87	0.87	0.87	0.87	0.87
$u(f_{cui})$ (MPa)	0.12	0.16	0.16	0.16	0.17	0.16

这一组 6 个砂浆试块抗压强度的平均值及其标准不确定度：

$$\bar{f}_{cum} = \frac{\sum\limits_{i=1}^{6} f_{cui}}{6} = 18.35\text{MPa} \approx 18.4\text{MPa}$$

根据误差传播定律，得：

$$u(\bar{f}_{cum}) = \sqrt{\frac{\sum\limits_{i=1}^{6}\left[u(f_{cui})\right]^2}{6^2}}$$

$$= \sqrt{\frac{0.12^2 + 0.16^2 + 0.16^2 + 0.16^2 + 0.17^2 + 0.16^2}{6^2}}$$

$$= 0.064\text{MPa}$$

综合考虑对 $u(f_{cu})$ 有贡献的各分量的分布情况，判定 $u(\bar{f}_{cu})$ 接近于正态分布，从而：

$$U_{95}(\bar{f}_{cum}) = 2u(\bar{f}_{cum}) = 0.128\text{MPa}, k_p = 2。$$

该组砂浆试块抗压强度为：

$$\bar{f}_{cum} = 18.35\text{MPa} \approx 18.4\text{MPa}, U_{95}(\bar{f}_{cum}) = 0.1\text{MPa}, k_p = 2。$$

6.3 砌筑砂浆试块抗压强度测量不确定度评定的重大意义

1. 砌筑砂浆的抗压强度与砌筑的墙体强度息息相关。只有足够的砂浆强度才能保证在遇到泥石流或滑坡及地震等天灾时，建筑物的墙体不至于坍塌倾倒，从而使居住在建筑物中的人们能够逃生或等待救援。但砂浆试块的强度并不等于砌筑到墙体的砂浆强度。因此，还应对已砌筑到墙体的砂浆砌缝用回弹仪检测其强度，以进行校核。

2. 砌筑砂浆试块抗压强度的测量不确定度评定是为了保证在置信概率为 95% 的分散区间内，抗压强度的最低值即 $[\bar{f}_{cum} - U_{95}(\bar{f}_{cum})]$ 大于设计墙体所要求的砂浆抗压强度，使墙体的安全有可靠的保证。

3. 从砌筑砂浆试块抗压强度的测量不确定度评定的计算过程中可以看出，提高测量准确程度的关键，是对加压荷载 F 值要尽可能测准确。所以操作时一定要按规范控制加荷速率 $\leqslant 1.5 \mathrm{kN/s}$，而且每压完一试块，都要及时清除上下压力板的残渣，以保持试块与压力板的摩擦状况不变。

4. 判断一组砂浆试块中各块的材质是否均匀，是以各试块抗压强度测得值与平均值的残差 $|f_{cui} - \bar{f}_{cum}| < 3u(\bar{f}_{cum})$ 为标准。因为当 $u(\bar{f}_{cum})$ 为正态分布时，$3u(\bar{f}_{cum})$ 值表示 $u(\bar{f}_{cum})$ 的分散区间的置信概率为 99%。如 $|f_{cui} - \bar{f}_{cum}| \geqslant 3u(\bar{f}_{cum})$，则表明该试块的 f_{cui} 为离群值。如对该试块 f_{cui} 的测量无差错，则说明该试块的材质与其他试块有差异。应找出砂浆材质有差异的原因，以便及时处理，从源头上消除安全隐患。

从例 15 可看出，除第一试块之外，其他各试块的 $u(f_{cui})$ 都很接近，为 0.16MPa 至 0.17MPa，因此各试块的测量准确程度相差不大。但有的试块的抗压强度 f_{cui} 与 6 块平均抗压强度 f_{cum} 相差较大，如下表所示：

	第一试块	第二试块	第三试块	第四试块	第五试块	第六试块
$f_{cui} - \bar{f}_{cum}$ （MPa）	0.21	0.05	− 0.41	− 0.45	0.65	− 0.05

注意到 $3u\left(f_{cum}\right) = 3 \times 0.064 = 0.192\text{MPa}$。由上表可见，第一试块、第三试块、第四试块、第五试块均不符合 $\left|f_{cui} - \bar{f}_{cum}\right| < 3u\left(\bar{f}_{cum}\right)$ 的要求，这四个试块的抗压强度均属"离群值"，其砂浆材质差异较大。这也说明了考虑测量不确定度的重要意义。用测量不确定度评定之后，才能发现砂浆材质有无差异这一重大问题。

不过，我国的行业标准《建筑砂浆基本性能测试方法标准》JGJ/T 70—2009 规定：砂浆试块个数由原来一组 6 个改为一组 3 个，以减小实验结果的离散性。但本书编者认为不应回避建筑砂浆抗压强度的离散性问题，因为它对墙体的强度影响重大。而且采用墙体同类块体为砂浆试块底模时，砂浆试块的个数仍应为 6 块。因此，本段的论述仍可供参考。

本 章 小 结

1. 建筑材料质量是通过从材料中取出试件或制成试块来进行测量，所以除了应测量试件或试块所受的力之外，还要测量试件或试块的尺寸。

2. 测量砂浆试块及混凝土试块的抗压强度的数学模型是：

$$f_{cu} = \frac{F}{ab} \tag{35}$$

式（35）同样适用于矩形截面钢材试件的拉伸试验。

截面为圆形的钢材试件拉伸试验的数学模型则为：

$$R = \frac{F}{\frac{1}{4}\pi d^2} \tag{35A}$$

式中，d 为钢材试件的直径。F、d 都是该数学模型的输入量，R 为输出量。

3. 由间接测量的合成标准不确定度公式（式16）：

$$\frac{u(Z)}{Z} = \sqrt{p_1{}^2\left[\frac{u(X_1)}{X_1}\right]^2 + p_2{}^2\left[\frac{u(X_2)}{X_2}\right]^2 + \cdots\cdots + p_n{}^2\left[\frac{u(X_n)}{X_n}\right]^2}$$

可推导出式（35）及式（35A）相应的计算合成标准不确定度公式：

$$\frac{u(f_{cu})}{f_{cu}} = \sqrt{\left[\frac{u(F)}{F}\right]^2 + \left[\frac{u(a)}{a}\right]^2 + \left[\frac{u(b)}{b}\right]^2} \tag{36}$$

及

$$\frac{u(R)}{R} = \sqrt{\left[\frac{u(F)}{F}\right]^2 + 4\left[\frac{u(d)}{d}\right]^2} \tag{36A}$$

用式（36）进行计算，可发现 $\frac{u(f_{cu})}{f_{cu}}$ 中 $\frac{u(F)}{F}$ 占主要部分，所以要注意准确地测量和计算，而 $\frac{u(a)}{a}$ 及 $\frac{u(b)}{b}$ 对 $\frac{u(f_{cu})}{f_{cu}}$ 的影响较小，对各试块的 a、b 可只测量一次，借用已有资料进行 B 类不确定度评定。但式（36A）中 $\frac{u(d)}{d}$ 的灵敏系数为 4，在一般情况下，$4\left[\frac{u(d)}{d}\right]^2$ 与 $\left[\frac{u(F)}{F}\right]$ 的比值为 1：3，表明 $\frac{u(d)}{d}$ 对 $\frac{u(R)}{R}$ 的影响较大。所以 d 应多次重复测量，而且对 $u(d)$ 应进行不确定度 A 类评定。

4. 钢材力学性能测量要取 2 个试件为 1 组。2 个试件的材质有无差异，可按 5.4 中所述钢筋材质有无差异的相同方法进行判断。

5. 混凝土抗压强度试块为 3 个试块一组。这 3 个试块的材质有无差异可按 6.3 中第 4 段对砂浆试块材质有无差异的方法进行判断。

第7章　房屋建筑制品质量的测量不确定度评定

7.1　建筑物电器或照明用电线的电阻测量不确定度评定

建筑物电器或照明用的电线质量直接影响建筑物的使用功能，而电线质量的标识之一是在一定标称直径下的电阻值，所以对电线的电阻值要准确地测量。测量电线电阻的方法是在环境温度为 t℃ 时，用数字直流电桥对长度为 L（m）的电线试样测量其电阻值 R_t，然后再换算为在 20℃ 时，长度为 1km 的该型号电线的电阻。

1. 测量电线电阻的数学模型

$$R_{20} = 1000R_t \times \frac{254.5}{234.5+t} \times \frac{1}{1000L} = R_t \times \frac{254.5}{234.5+t} \times \frac{1}{L} \qquad (40)$$

式中　R_{20}——在 20℃ 时，1km 长的电线电阻值（Ω/km）；

R_t——在 t℃ 时，长度为 L（m）的电线电阻值（mΩ）；

t——测量时电线试样的温度，即环境温度（℃）；

L——电线试样的长度（m）。

由式（40）可见，R_{20} 是间接测得值，$R_{20} = f$（R_t，t，L），即 R_t，t，L 分别为该数学模型互不相关的输入量，R_{20} 为该数学模型的输出量。

2. 测量电线电阻所用的仪器及测量不确定度评定

测量 R_t 用 QJ84 型数字直流电桥。该仪器的校准报告写明，在读数为 20mΩ～200mΩ 之间，该仪器的最大示值误差 $a =$ 0.2% ×读数，该误差可认为是均匀分布。该仪器的读数分辨率

为 $0.01\text{m}\Omega$，即由于分辨率引起的读数最大误差为 $0.005\text{m}\Omega$，也是均匀分布。

测量环境温度 t 用普通水银温度计，其分辨率引起的读数最大误差为 $0.5℃$，测量电线长度 L 用钢尺，其分辨率引起的读数最大误差为 0.5mm，都是均匀分布。具体的测量不确定度的评定方法详见例 16。

【例16】对长度 $L = 1\text{m}$ 的电线试样，在相同条件下测量 6 次（$n = 6$），得 $R_{ti}（\text{m}\Omega）$ 值如下：7.40；7.38；7.40；7.41；7.39；7.42。对 L 测量 1 次，得 $L = 1000\text{mm} = 1.000\text{m}$。对 t 测量 1 次，得 $t = 22.5℃$。试求 R_{20} 及其测量不确定度。

【解】
$$\overline{R}_t = \frac{\sum\limits_{i=1}^{6} R_{ti}}{6} = 7.40\text{m}\Omega$$

由式（40）得 $R_{20} = \overline{R}_t \times \dfrac{254.5}{234.5 + t} \times \dfrac{1}{L} = 7.33\Omega/\text{km}$

测量结果的标准不确定度评定：

由式（40） $R_{20} = \overline{R}_t \times \dfrac{245.4}{234.5 + t} \times \dfrac{1}{L} = f(\overline{R}_t, t, L)$

根据误差传播定律，得：

$$u(R_{20}) = \sqrt{\left(\frac{\partial f}{\partial \overline{R}_t}\right)^2 [u(\overline{R}_t)]^2 + \left(\frac{\partial f}{\partial t}\right)^2 [u(t)]^2 + \left(\frac{\partial f}{\partial L}\right)^2 [u(L)]^2}$$

将 $\dfrac{\partial f}{\partial \overline{R}_t}$，$\dfrac{\partial f}{\partial t}$ 及 $\dfrac{\partial f}{\partial L}$ 求导后代入上式得：

$$\frac{u(R_{20})}{R_{20}} = \sqrt{\left[\frac{u(\overline{R}_t)}{\overline{R}_t}\right]^2 + \left[\frac{u(t)}{234.5 + t}\right]^2 + \left[\frac{u(L)}{L}\right]^2} \tag{41}$$

现分别计算 $u(\overline{R}_t)$，$u(t)$ 及 $u(L)$ 如下：

由于对 R_{ti} 进行了 6 次测量，所以可以进行其标准不确定度的 A 类评定。由式（12）得：

$$u_A(\overline{R}_t) = s(\overline{R}_t) = \sqrt{\frac{\sum\limits_{i=1}^{n}(R_{ti} - \overline{R}_t)}{n(n-1)}} = \sqrt{\frac{\sum\limits_{i=1}^{6}(R_{ti} - \overline{R}_t)}{6(6-1)}} = \frac{0.014}{\sqrt{6}} = 0.006\text{m}\Omega$$

$$\frac{u_A(\overline{R}_t)}{\overline{R}_t} = \frac{0.006}{7.40} = 0.0008 = 0.08\%，接近于正态分布。$$

对仪器的示值误差及分辨率引起的读数最大误差，应进行其标准不确定度的 B 类评定。此外，该仪器的校准报告未给出校准源不确定度，只好不予考虑。

仪器的示值误差引起的相对标准不确定度为：

$$\frac{u_{B1}(\overline{R}_t)}{\overline{R}_t} = \frac{0.002 \times 7.40}{7.40 \times \sqrt{3}} = 0.0012 = 0.12\%，呈均匀分布。$$

分辨率读数最大误差相应的相对标准不确定度为：

$$\frac{u_{B2}(\overline{R}_t)}{\overline{R}_t} = \frac{0.005}{7.4 \times \sqrt{3}} = 0.0004 = 0.04\%，呈均匀分布 。$$

$$于是\frac{u(\overline{R}_t)}{\overline{R}_t} = \sqrt{\left[\frac{u_A(\overline{R}_t)}{\overline{R}_t}\right]^2 + \left[\frac{u_{B1}(\overline{R}_t)}{\overline{R}_t}\right]^2 + \left[\frac{u_{B2}(\overline{R}_t)}{\overline{R}_t}\right]^2}$$

$$= \sqrt{\left[(0.08)^2 + (0.12)^2 + (0.04)^2\right] \times 10^{-4}}$$

$$= 0.15\%，接近于均匀分布。 \quad\quad （A）$$

对 t 只测量一次，只考虑温度计分辨率引起的标准不确定度。

$$u(t) = \frac{0.5}{\sqrt{3}} = 0.289℃，呈均匀分布。$$

从而 $\dfrac{u(t)}{234.5 + t} = \dfrac{0.289}{234.5 + 22.5} = 0.0011 = 0.11\%$，呈均匀分布。 （B）

对 L 也只测量一次，考虑到以往在相同条件下的测量结果，由测量随机误差引起的相对标准不确定度为 0.1%，属于不确定度的 B 类评定。另外，由于分辨率引起的标准不确定度为 $\dfrac{0.5}{\sqrt{3}} = 0.289\text{mm}$，呈均匀分布 。

因此 $\dfrac{u(L)}{L} = \sqrt{(0.1\%)^2 + \left(\dfrac{0.289}{1000}\right)^2} = 0.10\%$，接近于正态分布 （C）

将式（A）、式（B）及式（C）各值代入式（41）得：

$$\frac{u(R_{20})}{R_{20}} = \sqrt{\left[\frac{u(\overline{R}_t)}{\overline{R}_t}\right]^2 + \left[\frac{u(t)}{234.5+t}\right]^2 + \left[\frac{u(L)}{L}\right]^2}$$

$$= \sqrt{\left[(0.15)^2 + (0.11)^2 + (0.10)^2\right] \times 10^{-4}}$$

$$= 0.21\%，接近于均匀分布。$$

即 $u(R_{20}) = 0.21\% \times 7.33 = 0.015\,\Omega/\mathrm{km} \approx 0.02\,\Omega/\mathrm{km}$。现采用包含因子 $k_p = 1.65$ 得 $U_{95}(R_{20}) = 0.03\,\Omega/\mathrm{km}$，最后得该电线试件的电阻测量结果：$R_{20} = 7.33\,\Omega/\mathrm{km}$，$U_{95}(R_{20}) = 0.03\,\Omega/\mathrm{km}$，$k_p = 1.65$。

7.2　建筑物给水管道耐压性能的测量不确定度评定

建筑物内给水管道质量的好坏，对建筑物的墙体有重大影响，尤其是暗埋在墙体中的管道，应绝对保证不会爆裂或渗漏。否则不但影响给水设施的正常使用，还会破坏墙体及墙面装饰，造成经济损失。所以在安装给水管道之前，应截取一段管道充水加压对给水管材进行耐压试验，定量检测在试验压力作用下的管材质量并进行测量不确定度评定。此外，在管道安装完成之后，应再次作耐压试验，检测管道的各配件接头处有无漏水，这次检测是定性的检测。如发现问题应及时处理，以保证安装质量。

1. 给水管道耐压性能测量的数学模型

在管中水压力 p 作用下，管道的管壁产生拉应力 σ，管壁的厚度为 a_0，管道的内径为 d_0，如图 8 所示。现需测定管壁的拉应力 σ，以判断管材是否合格。

从图 8 可导出 σ 的数学模型是：

$$\sigma = \frac{p d_0}{2 a_0} \tag{42}$$

根据误差传播定律，由式（42）得：

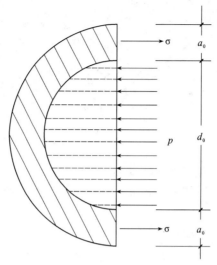

图 8　管壁拉应力显示图

$$\frac{u(\sigma)}{\sigma} = \sqrt{\left[\frac{u(p)}{p}\right]^2 + \left[\frac{u(d_0)}{d_0}\right]^2 + \left[\frac{u(a_0)}{a_0}\right]^2} \quad (43)$$

式（42）中的 p 为管道耐压试验压力，采用管道平时工作压力的 1.5 倍，但不超过 1MPa。

由于管道耐压试验不是一次性破坏性试验，所以 p、d_0、a_0 各值都可以在同一条件下多次重复测量，并进行测量不确定度 A 类方法评定。

2. 给水管道耐压性能测量标准不确定度的评定

在截取一段给水管道之后，对管道内径 d_0 及管壁厚度 a_0，用游标卡尺进行多次（一般为 6 次，$n=6$）测量，然后对试验管道的两端封堵严实，充水加压至试验压力 p，测定 p 值后放水释压，再充水加压至 p，如此反复测量多次（一般为 6 次，$n=6$）。

$$\overline{d_0} = \frac{\sum_{i=1}^{6} d_{0i}}{6} \quad (A)$$

$$\bar{a}_0 = \frac{\sum_{i=1}^{6} a_{0i}}{6} \qquad (B)$$

$$\bar{p} = \frac{\sum_{i=1}^{6} p_i}{6} \qquad (C)$$

$$\bar{\sigma} = \frac{\bar{p}\,\bar{d}_0}{2\,\bar{a}_0} \qquad (D)$$

对 $u(\bar{d}_0)$ 有贡献的分量为三个：

第一，随机误差的标准差 $s_1(\bar{d}_0)$ 相应的标准不确定度：

$$s_1(\bar{d}_0) = \sqrt{\frac{\sum_{i=1}^{6}(d_{0i} - \bar{d}_0)^2}{6(6-1)}} = u_1(\bar{d}_0);$$

第二，卡尺分辨率 a 引起的读数最大误差 $a/2$ 的标准差 $s_2(\bar{d}_0)$ 相应的标准不确定度：

$$s_2(\bar{d}_0) = \frac{a}{2\sqrt{3}} = u_2(\bar{d}_0);$$

第三，卡尺校准源标准不确定度 $u_A(\bar{d}_0)$。

对 $u(\bar{a}_0)$ 有贡献的分量与 $u(\bar{d}_0)$ 相同，即分别为 $u_1(\bar{a}_0)$、$u_2(\bar{a}_0)$ 及 $u_A(\bar{a}_0)$。

对 $u(\bar{p})$ 有贡献的分量也是上述三个，即分别为 $u_1(\bar{p})$、$u_2(\bar{p})$ 及 $u_A(\bar{p})$。

然后，分别计算出 $\bar{d}_0$、$\bar{a}_0$、$\bar{p}$ 的合成标准不确定度。

$$u_c(\bar{d}_0) = \sqrt{[u_1(\bar{d}_0)]^2 + [u_2(\bar{d}_0)]^2 + [u_A(\bar{d}_0)]^2} \qquad (E)$$

$$u_c(\bar{a}_0) = \sqrt{[u_1(\bar{a}_0)]^2 + [u_2(\bar{a}_0)]^2 + [u_A(\bar{a}_0)]^2} \qquad (F)$$

$$u_c(\bar{p}) = \sqrt{[u_1(\bar{p})]^2 + [u_2(\bar{p})]^2 + [u_A(\bar{p})]^2} \qquad (G)$$

将（A）、（B）、（C）、（D）、（E）、（F）、（G）各式算出

结果代入式（43），可算出 $\dfrac{u(\bar{\sigma})}{\bar{\sigma}}$。

在（E）、（F）、（G）各式的计算中，应注意考察各分量是

接近于正态分布还是接近于均匀分布，哪一个分量占主要部分，以便决定 $u(\overline{\sigma})$ 的分布，并选取 $U_{95}(\overline{\sigma})$ 的包含因子 k_p 值。

3. 给水管道材质差异的判断

为检测给水管道的材质有无差异，也是从不同管道中各截一段进行试验，以判断材质有无差异，其判断方法与判断钢筋材质有无差异的方法相同，详见 5.4 节。

本 章 小 结

1. 安装建筑物内的建筑制品，包括给水管道、排水管道、电线及电路上的开关、插座以及卫生洁具等等。这些制品的质量直接关联到建筑物的使用功能。为保证这些制品的质量，对大部分建筑制品要进行定性检测。例如，将给水龙头打开，放水流入排水管道，检测排水管道及各接头有无渗水漏水。对电线的电阻、给水管道的耐压试验则应进行定量测量，并进行测量不确定度评定。

2. 对陶瓷制品的卫生洁具（洗脸盆、洗涤盆及厕具）和大理石或花岗岩石的洗脸台面板、厨房案台板等，应检测其放射性有无超标。这种检测虽然是属于定量检测，但如果检测结果发现放射性很低，可保证绝对安全，可不必进行测量不确定度评定。如果检测结果发现放射性处于合格的临界边缘，考虑安全起见，这些洁具应立予更换。

3. 为定量测量建筑制品的质量，首先要根据所用仪器的性能和检测方法建立数学模型，随后确定数学模型各输入量的测量方法。建筑制品质量测量在一般情况下不是一次性破坏性测量，所以有可能进行多次重复测量，并进行测量不确定度的 A 类评定。

4. 本章重要内容之一，是从定量检测建筑制品质量的数学模型，根据误差传播定律推导出合成相对标准不确定度的计算公式，即从公式（40）导出式（41）以及从公式（42）导出式（43）。读者应注意掌握这一推导方法，以加深对测量不确定度的理解。

第8章　室内空气质量测量不确定度评定

8.1　仪器分析的回归分析法

我国《民用建筑工程室内环境污染控制》规范规定：以放射性核素、氡 R_n-222、苯、甲醛、氨、总挥发性有机化合物（TVOC）和二苯二导氰酸酯（TDI）等七项作为控制污染的指标。而这些污染物的检测在很多情况下采用仪器分析。例如，为测定空气中的甲醛浓度，可采用酚试剂分光光度法。其原理是利用甲醛与酚试剂（盐酸 3-甲醛-苯并噻唑胺 [$C_6H_4SN(CH_3)C_;NNH_2 \cdot HCl$]）反应，生成嗪，在高铁离子存在下，嗪与酚试剂的氧化产物反应生成绿蓝色化合物，在分光光度计中反映出一定吸光度。先将配制甲醛浓度为已知 c_i（$i = 1 \sim n$）的一组酚试剂标准溶液放在分光光度计中测定出各甲醛浓度 c_i 相对应的吸光度 T_i，绘制成甲醛浓度 c 与吸光度 T 的回归直线，如图 9 所示。然后，将装有酚试剂溶液的吸收液的气泡吸收管接在空气采样器上，采取待测的室内空气试样。将气样吸收液在分光光度计上测定其吸光度，再由回归直线算出气样中的甲醛浓度。此法称为仪器分析的回归分析

图 9　回归直线

法。配置甲醛-酚试剂标准溶液的操作方法详见《公共场所空气中甲醛的测定方法》GB/T 18204.26-2000。

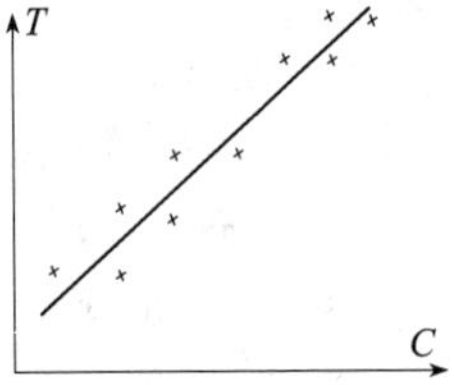

为说明回归分析法的不确定度，有必要先简要介绍回归分析法的若干要点[11]。

1. 函数与相关

人们通过各种实践发现，变量之间的关系可以分成两种类

型。一是其间存在着完全确定的关系。例如金属棒的长度 L 与温度 t 的关系为正比关系。当温度为 t_0 时，长度为 L_0，当温度为 t 则有：

$$L = L_0 + \alpha(t - t_0) = (L_0 - \alpha t_0) + \alpha t = \beta + \alpha t$$

如将 L 及 t 各对应实测值绘在图上，则各实测值的点都在一条直线上，如图 10 所示，这说明 L 与 t 之间存在一种确定的直线函数关系。它反映一种准确的物理规律。

另一类型是两变量之间只存在统计规律，例如烟民的癌症发病率与吸烟年限的关系。从统计上可以看出，吸烟年限 x_i 越长，癌症发病率 y_i 越高，但各实测值的 (x_i, y_i) 点并不在一条直线上，这种类型的变量关系称为统计相关，或简称相关，如图 11 所示。回归分析法乃是处理变量相关的数理统计方法。

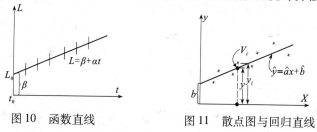

图 10　函数直线　　　　图 11　散点图与回归直线

2. 散点图与回归直线

若一个变量 y_i 的值在某种程度上是随着另一个变量 x_i 的值的变化而变化，将实测的每组 x_i、y_i 的数值定点在一直角坐标图上，形成一散点图，如图 11 所示。从散点图上可直观地看出两个变量之间的大致关系。如 x_i 与 y_i 之间大致呈线性关系，并可用一条直线表示：

$$\hat{y} = \hat{a}x + \hat{b} \tag{44}$$

该直线称为回归直线。回归直线的斜率 $\hat{a}$ 及截距 $\hat{b}$ 称为回归系数。

既然 $\hat{y} = \hat{a}x + \hat{b}$ 是统计规律，由某一实测值 x_i、y_i 中的 x_i 代入式（44）中算出的 $\hat{y}$ 值与实测值 y_i 必有偏差。因为 $\hat{y}$ 是由一

组实测值（x_i，y_i）统计出来的，回归值 $\hat{y}$ 与实测值 y_i 的偏差，亦称残差 v_i，反映了各实测值 y_i 与回归直线的偏离程度。为求出式（44）中的 $\hat{a}$、$\hat{b}$ 值，应使 $\hat{y}$ 与 y_i 的总体偏差，即各个样品观测值残差的平方和为最小，此方法称为最小二乘法，即：

$$v_1 = y_1 - (\hat{a}x_1 + \hat{b}) = y_1 - \hat{y}_1$$
$$v_2 = y_2 - (\hat{a}x_2 + \hat{b}) = y_2 - \hat{y}_2$$
$$\cdots\cdots$$
$$v_n = y_n - (\hat{a}x_n + \hat{b}) = y_n - \hat{y}_n$$

现令　$M = v_1^2 + v_2^2 + \cdots\cdots + v_n^2 = \sum_{i=1}^{n} (y_i - \hat{y})^2$

$$= [y_1 - (\hat{a}x_1 + \hat{b})]^2 + [y_2 - (\hat{a}x_2 + \hat{b})]^2 + \cdots\cdots +$$
$$[y_n - (\hat{a}x_n + \hat{b})]^2$$
$$= 最小值（Min） \tag{45}$$

式（45）中 (x_1, y_1)，(x_2, y_2) $\cdots\cdots$ (x_n, y_n) 都看做是常量，只有 $\hat{a}$、$\hat{b}$ 是变量，于是由 $\dfrac{\partial M}{\partial \hat{a}} = 0$ 及 $\dfrac{\partial M}{\partial \hat{b}} = 0$ 可求的 $\hat{a}$、$\hat{b}$ 值如下。由式（45）：

$$\frac{\partial M}{\partial \hat{a}} = 2[y_1 - (\hat{a}x_1 + \hat{b})](-x_1) + 2[y_2 - (\hat{a}x_2 + \hat{b})](-x_2) + \cdots\cdots +$$
$2[y_n - (\hat{a}x_n + \hat{b})](-x_n) = -2[(x_1y_1 + x_2y_2 + \cdots\cdots + x_ny_n) - \hat{b}(x_1 + x_2 + \cdots\cdots + x_n) - \hat{a}(x_1^2 + x_2^2 + \cdots\cdots + x_n^2)] = 0$

即　$\sum_{i=1}^{n} x_iy_i - \hat{b}\sum_{i=1}^{n} x_i - \hat{a}\sum_{i=1}^{n} x_i^2 = 0$ 或 $\sum_{i=1}^{n} (y_i - \hat{y})x_i = 0$ （A）

再由式（45）：

$$\frac{\partial M}{\partial \hat{b}} = 2[y_1 - (\hat{a}x_1 + \hat{b})](-1) + 2[y_2 - (\hat{a}x_2 + \hat{b})](-1) + \cdots\cdots +$$
$2[y_n - (\hat{a}x_n + \hat{b})](-1) = -2[(y_1 + y_2 + \cdots\cdots + y_n) - n\hat{b} - \hat{a}(x_1 + x_2 + \cdots\cdots + x_n)] = 0$

即　$\sum_{i=1}^{n} y_i - \hat{a}\sum_{i=1}^{n} x_i - n\hat{b} = 0$ 或 $\sum_{i=1}^{n} (y_i - \hat{y}) = 0$ （B）

由（A）、（B）式，消去 $\hat{b}$ 得：

$$\hat{a} = \frac{\sum\limits_{i=1}^{n} x_i y_i - \dfrac{\left(\sum\limits_{i=1}^{n} x_i\right)\left(\sum\limits_{i=1}^{n} y_i\right)}{n}}{\sum\limits_{i=1}^{n} x_i^2 - \dfrac{\left(\sum\limits_{i=1}^{n} x_i\right)^2}{n}} = \frac{n\sum\limits_{i=1}^{n} x_i y_i - \left(\sum\limits_{i=1}^{n} x_i\right)\left(\sum\limits_{i=1}^{n} y_i\right)}{n\sum\limits_{i=1}^{n} x_i^2 - \left(\sum\limits_{i=1}^{n} x_i\right)^2} \quad (C)$$

为计算上方便，将式（C）作一些形式上的变换，引入 $\bar{x}$ 与 $\bar{y}$ 的算式：

$$\bar{x} = \frac{x_1 + x_2 + \cdots\cdots + x_n}{n} = \frac{\sum\limits_{i=1}^{n} x_i}{n} \quad (D)$$

$$\bar{y} = \frac{y_1 + y_2 + \cdots\cdots + y_n}{n} = \frac{\sum\limits_{i=1}^{n} y_i}{n} \quad (E)$$

但要注意（D）式中的 $\bar{x}$ 与计算实验标准差公式（贝塞尔公式）中的 $\bar{x}$ 意义完全不同。第 2 章中式（6）：

$$s(x_i) = \sqrt{\frac{\sum\limits_{i=1}^{n} (x_i - \bar{x})^2}{n - 1}}$$

式（6）中的 $\bar{x}$ 是对同一个样品，进行 n 次测量的测得值 x_1，x_2，$\cdots\cdots$，x_n 的算术平均值，亦称数学期望值。而式（D）中的 $\bar{x}$ 则是对几个不同样品的实测值进行平均，只是为了回归分析计算上的方便，并没有什么物理意义。式（6）中的 n 是测量的次数，而式（D）中的 n 是样品的个数。

现对式（C）的形式进行变换。

式（C）中的分子：

$$\sum_{i=1}^{n} x_i y_i - \frac{\left(\sum\limits_{i=1}^{n} x_i\right)\left(\sum\limits_{i=1}^{n} y_i\right)}{n} = \sum_{i=1}^{n} x_i y_i - n\left(\frac{\sum\limits_{i=1}^{n} x_i}{n}\right)\left(\frac{\sum\limits_{i=1}^{n} y_i}{n}\right)$$

$$= \sum_{i=1}^{n} x_i y_i - n(\bar{x})(\bar{y}) = \sum_{i=1}^{n} x_i y_i + n(\bar{x})(\bar{y}) - n\left(\frac{\sum\limits_{i=1}^{n} x_i}{n}\right)(\bar{y}) - n(\bar{x})\left(\frac{\sum\limits_{i=1}^{n} y_i}{n}\right)$$

$$= \sum_{i=1}^{n} x_i y_i + n(\bar{x})(\bar{y}) - \bar{y} \left(\sum_{i=1}^{n} x_i \right) - \bar{x} \left(\sum_{i=1}^{n} y_i \right)$$

$$= \sum_{i=1}^{n} \left[(x_i - \bar{x})(y_i - \bar{y}) \right] \qquad\qquad (F)$$

式（C）中的分母：

$$\sum_{i=1}^{n} x_i^2 - \frac{\left(\sum_{i=1}^{n} x_i \right)^2}{n} = \sum_{i=1}^{n} x_i^2 - n \left(\frac{\sum_{i=1}^{n} x_i}{n} \right)^2 = \sum_{i=1}^{n} x_i^2 - n(\bar{x})^2$$

$$= \sum_{i=1}^{n} x_i^2 - 2n\bar{x} \left(\frac{\sum_{i=1}^{n} x_i}{n} \right) + n(\bar{x})^2 = \sum_{i=1}^{n} x_i^2 - 2\bar{x} \left(\sum_{i=1}^{n} x_i \right) + n(\bar{x})^2 =$$

$$\sum_{i=1}^{n} (x_i - \bar{x})^2 \qquad\qquad (G)$$

将式（F）及式（G）代入式（C）得：

$$\text{回归系数} \quad \hat{a} = \frac{\sum_{i=1}^{n} \left[(x_i - \bar{x})(y_i - \bar{y}) \right]}{\sum_{i=1}^{n} (x_i - \bar{x})^2} = \frac{S_{xy}}{S_{xx}} \qquad\qquad (46)$$

上式中 $\quad S_{xy} = \sum_{i=1}^{n} \left[(x_i - \bar{x})(y_i - \bar{y}) \right] \qquad\qquad (H)$

$$S_{xx} = \sum_{i=1}^{n} \left[(x_i - \bar{x})(x_i - \bar{x}) \right] = \sum_{i=1}^{n} (x_i - \bar{x})^2 \qquad (I)$$

以后还要引用到：

$$S_{yy} = \sum_{i=1}^{n} \left[(y_i - \bar{y})(y_i - \bar{y}) \right] = \sum_{i=1}^{n} (y_i - \bar{y})^2 \qquad (J)$$

由式（46）求得 $\hat{a}$ 值后，代入式（B）得：

$$\hat{b} = \frac{\sum_{i=1}^{n} y_i}{n} - \hat{a} \frac{\sum_{i=1}^{n} x_i}{n} = \bar{y} - \hat{a}\bar{x} \qquad\qquad (47)$$

由式（47）得：$\bar{y} = \hat{a}\bar{x} + \hat{b}$ （47A）

式（47A）说明 $(\bar{x}, \bar{y})$ 点是在回归直线 $\hat{y} = \hat{a}x + \hat{b}$ 上，这

是以后要用到的一个重要概念。

3. 相关系数及其显著性检验

在求回归方程的计算过程中，并不需要事先假定两个变量之间一定要具有相关关系。就方法本身而言，即使是对一堆完全杂乱无章的散点，也可用 $M = \sum_{i=1}^{n} \nu_i^2 = \mathrm{Min}$ 的方法将这些散点配一直线来表示 x 与 y 之间的关系。显然在这种情况下，所配直线毫无实际意义。只有当两变量大致呈线性关系时才适宜配回归直线。于是，必须给出一个数值性指标来描述两个变量线性关系的密切程度，这个指标称为相关系数 r。事实证明，甲醛-酚试剂标准溶液中甲醛浓度 c 与吸光度 T 存在显著的相关关系，因此在实际工作中一般无需计算相关系数。为避免一开始就陷入繁多的数学推导，读者可先不阅读这一部分内容（直到第 82 页为止）。

现推导计算相关系数 r 的公式如下：

考虑到 y_i 是随自变量 x_i 的给定值变化而变化的随机变量，每个样品的实际观测值 y_i 与 n 个样品的观测值的平均值（$\bar{y} = \dfrac{\sum_{i=1}^{n} y_i}{n}$）的差值（$y_i - \bar{y}$），称为"离差"。在 n 个样品的观测值 (x_i, y_i)（$i = 1 \sim n$）系列中，y_i 的变动大小可由这些离差的平方和来表示，由式（J）得：

$$S_{yy} = \sum_{i=1}^{n} (y_i - \bar{y})^2$$

由于 $y_i - \bar{y} = (y_i - \hat{y}) + (\hat{y} - \bar{y})$，式中 $\hat{y}$ 为回归值：$\hat{y} = \hat{a}x_i + \hat{b}$

将上式两边平方，然后对全部 n 个样品求和，则有：

$$S_{yy} = \sum_{i=1}^{n} (y_i - \bar{y})^2 = \sum_{i=1}^{n} \left[(y_i - \hat{y}) + (\hat{y} - \bar{y}) \right]^2$$

$$= \sum_{i=1}^{n} (y_i - \hat{y})^2 + \sum_{i=1}^{n} (\hat{y} - \bar{y})^2 + 2 \sum_{i=1}^{n} (y_i - \hat{y})(\hat{y} - \bar{y}) \quad (\mathrm{K})$$

注意到 $\sum\limits_{i=1}^{n}(y_i-\hat{y})(\hat{y}-\bar{y})=\sum\limits_{i=1}^{n}(y_i-\hat{y})(\hat{a}x_i+\hat{b}-\bar{y})$

式中 $\hat{a}$、$\hat{b}$ 及 $\bar{y}$ 在求和过程中可看做是常数，于是有：

$$\sum_{i=1}^{n}(y_i-\hat{y})(\hat{a}x_i+\hat{b}-\bar{y})=(\hat{b}-\bar{y})\sum_{i=1}^{n}(y_i-\hat{y})+\hat{a}\sum_{i=1}^{n}(y_i-\hat{y})(x_i)$$

由式（A）：$\sum\limits_{i=1}^{n}(y_i-\hat{y})x_i=0$

由式（B）：$\sum\limits_{i=1}^{n}(y_i-\hat{y})=0$

将（A）、（B）两式代入上式得：

$\sum\limits_{i=1}^{n}(y_i-\hat{y})(\hat{a}x_i+\hat{b}-\bar{y})=\sum\limits_{i=1}^{n}(y_i-\hat{y})(\hat{y}-\bar{y})=0$，再将此式代入式（K）得：

$$S_{yy}=\sum_{i=1}^{n}(y_i-\bar{y})^2=\sum_{i=1}^{n}(y_i-\hat{y})^2+\sum_{i=1}^{n}(\hat{y}-\bar{y})^2 \qquad (L)$$

式（L）中的第一项 $\sum\limits_{i=1}^{n}(y_i-\hat{y})^2$ 是各样品观测值 y_i 与回归值 $\hat{y}$ 的残差的平方和，它反映了实验误差及其他非线性的随机因素影响使 y_i 值发生的波动，称为残差平方和 M（或称残余平方和）。式（L）中的第二项 $\sum\limits_{i=1}^{n}(\hat{y}-\bar{y})^2$ 反映自变量 x_i 的取值不同而引起的 y_i 值的变化，称为回归平方和 R。

由式（L）得：

$$M=\sum_{i=1}^{n}(y_i-\hat{y})^2=S_{yy}-\sum_{i=1}^{n}(y-\bar{y})^2=S_{yy}-\sum_{i=1}^{n}(\hat{a}x_i+\hat{b}-\hat{a}\bar{x}-\hat{b})^2$$

$$=S_{yy}-\hat{a}^2\sum_{i=1}^{n}(x_i-\bar{x})^2=S_{yy}-\hat{a}^2S_{xx}$$

由式（46），有 $\hat{a}=\dfrac{S_{xy}}{S_{xx}}$ 代入上式得：

$$M=S_{yy}-\frac{S_{xy}^2}{S_{xx}}=\left(1-\frac{S_{xy}^2}{S_{xx}\times S_{yy}}\right)S_{yy} \qquad (M)$$

令　$r = \dfrac{S_{xy}}{\sqrt{S_{xx} \times S_{yy}}}$ 　　　　　　（N）

再将式（H）的 S_{yy} 值及式（I）的 S_{xx} 和式（J）的 S_{yy} 值代入式（N）得：

$$r = \dfrac{\displaystyle\sum_{i=1}^{n} \left[(x_i - \bar{x})(y_i - \bar{y}) \right]}{\sqrt{\displaystyle\sum_{i=1}^{n} (x_i - \bar{x})^2 \cdot \sum_{i=1}^{n} (y_i - \bar{y})^2}} \qquad (48)$$

式（48）中的 r 称为相关系数，在数理统计学中称为协方差。以 r 代回式（M）得：

$$M = (1 - r^2)S_{yy} = (1 - r^2) \sum_{i=1}^{n} (y_i - \bar{y})^2 \qquad (48A)$$

式（48A）表明，如 r 的绝对值越大，则 M 越小（说明回归直线越接近观测值），即回归效果越好。由于 $M = \sum_{i=1}^{n} (y_i - \hat{y})^2$，$M$ 不可能是负值，所以 $r^2 \leqslant 1$，即 $|r| \leqslant 1$。

现利用散点图具体说明，当 r 等于不同数值时，散点的分布情况：

（1）当 $r = 0$ 时，由式（N）知，此时 $S_{xy} = 0$。由式（46）可见，即 $\hat{a} = 0$。

回归直线平行于 x 轴，这说明 $\hat{y}$ 不随 x_i 的变化而变化，即 x_i 与 $\hat{y}$ 毫无线性关系，如图 12 的（1）所示。

（2）当 $|r| = 1$，由式（48A）可见，$M = 0$，即所有实验点的 $(y_i - \hat{y})$ 都等于 0，各实验点都分布在 $\hat{y} = \hat{a}x + \hat{b}$ 的直线上，说明 y 与 x 存在确定性的函数关系。如图（12）的（2）所示，也就是图 10 的函数直线。

（3）当 $0 < r < 1$，说明 y 与 x 之间存在一定线性关系，$\hat{y}$ 随 x 的增大而增大，称为 $\hat{y}$ 与 x 正相关，如图 12 的（3）所示。

（4）当 $r < 0$，说明 y 与 x 之间存在线性关系，但由式（N）知：$S_{xy} < 0$，再由式（46）得 $\hat{a} < 0$，即 $\hat{y}$ 随 x 的增大而减小，称为 $\hat{y}$ 与 x 负相关，如图 12 的（4）所示。

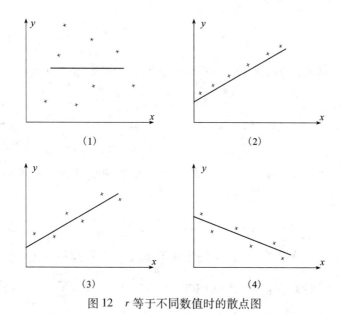

图 12　r 等于不同数值时的散点图

　　对某个具体问题，只有相关系数 $|r|$ 大到某一数值时，才可用回归直线 $\hat{y} = \hat{a}x + \hat{b}$ 来近似表示 x 与 y 之间的统计关系，这一相关系数的最小值 r_0 的大小与实验的观测次数（样本数）n 有关。相关系数 $|r|$ 大于 r_0 时称为"相关显著"。表 4 给出对不同的观测样本数 n，在两种显著性水平 $\alpha = 5\%$ 及 $\alpha = 1\%$ 时，达到相关显著时的相关系数最小值 r_0。

相关系数检验表　　　　　　　　　表 4

n \ r_0	$\alpha = 5\%$	$\alpha = 1\%$	n \ r_0	$\alpha = 5\%$	$\alpha = 1\%$
3	0.997	1.000	11	0.602	0.735
4	0.950	0.990	12	0.576	0.708
5	0.878	0.959	13	0.553	0.684
6	0.811	0.917	14	0.532	0.661
7	0.754	0.874	15	0.514	0.641
8	0.707	0.843	16	0.497	0.623
9	0.666	0.798	17	0.482	0.606
10	0.632	0.765			

【例 17】已配制得各种浓度为 c_i 的一组（$n=10$）某化合物的标准溶液试剂，再从分光光度计测得各试剂的吸光度 T_i，列于下表：

试剂号 i	1	2	3	4	5	6	7	8	9	10
吸光度 T_i	2.5	4.0	6.0	7.0	10.0	9.5	11.5	12.0	12.5	15.0
试剂浓度 c_i	0	3.0	5.0	8.0	10.0	12.0	13.0	14.0	15.0	18.0

（1）用回归分析法，将各散点（c_i，T_i）拟合成一回归直线 $\hat{T}=\hat{a}c+\hat{b}$，计算出 $\hat{a}$、$\hat{b}$ 值。

（2）从分光光度计测得该化合物溶液的另一个待测试剂的吸光度 $T_0=9.5$，从回归直线方程上，算出该化合物溶液待测试剂的浓度 c_0，并绘成回归直线图及验证散点相关显著。

【解】（1）由式（46）得：

$$\hat{a}=\frac{\sum\limits_{i=1}^{n}(x_i-\bar{x})(y_i-\bar{y})}{\sum\limits_{i=1}^{n}(x_i-\bar{x})^2}=\frac{\sum\limits_{i=1}^{10}(c_i-\bar{c})(T_i-\bar{T})}{\sum\limits_{i=1}^{10}(c_i-\bar{c})^2} \quad (A)$$

由上表的 T_i 数据算得：$\bar{T}=\dfrac{\sum\limits_{i=1}^{10}T_i}{n}=9=\bar{y}$

由上表的 c_i 数据算得：$\bar{c}=\dfrac{\sum\limits_{i=1}^{10}c_i}{n}=9.8=\bar{x}$

再将 T_i、$\bar{T}$、c_i、$\bar{c}$ 各数据代入式（A），计算结果列表如下：

i	$(T_i-\bar{T})$	$(c_i-\bar{c})$	$(c_i-\bar{c})$ $(T_i-\bar{T})$	$(T_i-\bar{T})^2$	$(c_i-\bar{c})^2$
1	-6.5	-9.8	63.7	42.25	96.04
2	-5	-6.8	34	25.0	46.24
3	-3	-4.8	14.4	9.0	23.04
4	-2	-1.8	3.6	4.0	3.24
5	1	0.2	0.2	1.0	0.04

i	$(T_i - \overline{T})$	$(c_i - \overline{c})$	$(c_i - \overline{c})$ $(T_i - \overline{T})$	$(T_i - \overline{T})^2$	$(c_i - \overline{c})^2$
6	0.5	2.2	1.1	0.25	4.84
7	2.5	3.2	8.0	6.25	10.24
8	3	4.2	12.6	9.0	17.64
9	3.5	5.2	18.2	12.25	27.04
10	6	8.2	49.2	36.0	67.24
各列总和	0	0	205	145	295.6

将上式数据代入式（A），算得 $\hat{a} = \dfrac{205}{295.6} = 0.694$。

由上表计算数据，得 $\sum\limits_{i=1}^{10} (T_i - \overline{T}) = 0$，$\sum\limits_{i=1}^{10} (c_i - \overline{c}) = 0$，说明 $\overline{T}$、$\overline{c}$ 的计算无误。

然后，由式（47）得 $\hat{b} = \overline{y} - \hat{a}\,\overline{x} = 9 - 0.694 \times 9.8 = 2.199$。

于是得回归直线：$\hat{T} = 0.694c + 2.199$ （B）

（2）今由分光光度计测得待测试剂的吸光度 $T_0 = 9.5$，代入式（B）算得其浓度 $c_0 = \dfrac{(T_0 - 2.199)}{0.694} = 10.52$。

现将各散点 (c_i, T_i) 及回归直线绘成如图 13 所示。

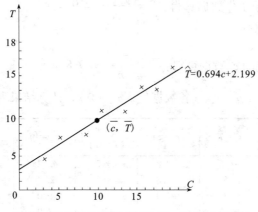

图 13　吸光度 T 与测试剂浓度 c 的回归直线图

现以 $\bar{c} = 9.8$ 代入上述所求得的回归直线方程（B）得：
$$\hat{T} = 0.694 \times 9.8 + 2.199 = 9 = \bar{T}$$

符合式（47A）$\bar{y} = \hat{a}\,\bar{x} + \hat{b}$，说明 $\hat{a}$、$\hat{b}$ 计算无误。

将上表中数据代入式（48）得相关系数 r：

$$r = \frac{\sum\limits_{i=1}^{n}(x_i - \bar{x})(y_i - \bar{y})}{\sqrt{\sum\limits_{i=1}^{n}(x_i - \bar{x})^2 \sum\limits_{i=1}^{n}(y_i - \bar{y})^2}} = \frac{\sum\limits_{i=1}^{10}(c_i - \bar{c})(T_i - \bar{T})}{\sqrt{\sum\limits_{i=1}^{10}(c_i - \bar{c})^2 \sum\limits_{i=1}^{10}(T_i - \bar{T})^2}}$$

$$= \frac{205}{\sqrt{295.6 \times 145}} = \frac{205}{207.05} = 0.99$$

查表 4，当显著性水平 $\alpha = 1\%$，$n = 10$ 时，相关显著的相关系数最小值 $r_0 = 0.765$，现 $|r| > r_0$，说明本例的实测数据（c_i，T_i）相关显著。

8.2　回归分析计算的不确定度

用回归分析法，将各测得值（c_i，T_i）的散点拟合成一回归直线 $\hat{T} = \hat{a}x + \hat{b}$ 之后，以待测试剂在分光光度计上测得的吸光度 T_0 代回所拟合的回归直线方程，算出待测试剂的浓度 $c_0 = \dfrac{T_0 - \hat{b}}{\hat{a}}$。这样算得的 c_0 不能认为是准确的固定值，因为式中的 $\hat{a}$、$\hat{b}$ 都不是准确的固定值，而是随机变量，即存在不确定度。所以要按下列步骤论述和计算 c_0 的不确定度。

1. 回归分析计算中的随机变量及其数字特征

（1）y_i 及 ε_i 的数学期望

一元线性回归模型的数学形式，可表示为：

$$y_i = \hat{a}x_i + \hat{b} + \varepsilon_i \quad (i = 1 \sim n) \tag{49}$$

式中 x_i 为给定的确定值，y_i 为一随机变量。即将同一 x_i 值输入式（49）n 次。会得到 n 个 y_{ij} 值（$j = 1 \sim n$）。y_{ij} 是按一定概率分布的随机变量，其数学期望（即最佳估算值）是：

$$E(y_{ij}) = \hat{y}_i = \hat{a}x_i + \hat{b} \qquad (50)$$

式（49）说明 y 与 x 之间的关系可用两个部分描述，一部分是由于 x 的变化引起的线性变化部分，即 $\hat{a}x_i + \hat{b}$；另一部分由其他一切随机因素引起的，记为 ε_i。

如对式（49）两边求取数学期望，由于 $\hat{a}$、$\hat{b}$、x_i 都是定值，于是：

$$E(y_i) = \hat{a}x_i + \hat{b} + E(\varepsilon_i) \qquad (i = 1 \sim n)$$

注意到 $E(y_i) = \hat{y}_i = \hat{a}x_i + \hat{b}$

因此 $\quad E(\varepsilon_i) = 0 \qquad (51)$

（2） y_i 及 ε_i 的方差

对式（49）两边，求取方差，由于 $\hat{a}$、$\hat{b}$、x_i 都是定值，于是：

$$D(y_i) = D(\varepsilon_i) = \sigma^2 \qquad (52)$$

现以 n 个样本观测值 $(x_1, y_1), (x_2, y_2), \cdots\cdots, (x_n, y_n)$ 输入样本回归模型，可求得 $D(y_i)$ 的方差：

$$D(y_i) = \frac{1}{n-2} \sum_{i=1}^{n} (y_i - \hat{y})^2 = \frac{1}{n-2} \sum_{i=1}^{n} (y_i - \hat{a}x_i - \hat{b})^2$$

因为在求 a、b 值时，曾引用残差的平方和为最小，即：

$$\frac{\partial M}{\partial a}\bigg|_{a=\hat{a}} = 0 \text{ 及 } \frac{\partial M}{\partial b}\bigg|_{b=\hat{b}} = 0 \text{ 这两个约束条件，}$$

所以 $\quad D(y_i) = D(\varepsilon_i) = \sigma^2 = \frac{1}{n-2}M = \frac{1}{n-2}\sum_{i=1}^{n}(y_i - \hat{y})^2 \quad (52A)$

（3） $\hat{a}$ 及 $\hat{b}$ 的方差

由式（46）有：

$$\hat{a} = \frac{\sum\limits_{i=1}^{n}\left[(x_i - \bar{x})(y_i - \bar{y})\right]}{\sum\limits_{i=1}^{n}(x_i - \bar{x})^2} = \frac{\sum\limits_{i=1}^{n}(x_i - \bar{x})y_i - \sum\limits_{i=1}^{n}(x_i - \bar{x})\bar{y}}{\sum\limits_{i=1}^{n}(x_i - \bar{x})^2}$$

$$= \frac{\sum\limits_{i=1}^{n}(x_i - \bar{x})y_i - \left[\sum\limits_{i=1}^{n}(x_i)\right]\bar{y} + n(\bar{x})(\bar{y})}{\sum\limits_{i=1}^{n}(x_i - \bar{x})^2}$$

$$= \frac{\sum_{i=1}^{n} (x_i - \bar{x}) y_i - n(\bar{x})(\bar{y}) + n(\bar{x})(\bar{y})}{\sum_{i=1}^{n} (x_i - \bar{x})^2}$$

$$= \frac{\sum_{i=1}^{n} (x_i - \bar{x}) y_i}{\sum_{i=1}^{n} (x_i - \bar{x})^2} \tag{53}$$

注意到式（53）中：

$$\hat{a} = \frac{\sum_{i=1}^{n} (x_i - \bar{x}) y_i}{\sum_{i=1}^{n} (x_i - \bar{x})^2} = \sum_{i=1}^{n} \frac{(x_i - \bar{x})}{\sum_{i=1}^{n} (x_i - \bar{x})^2} y_i$$

对 y_i 来说式中 $\bar{x}$ 为 n 个样本观测值 x_i 的平均值，所以为定值。从而 $\sum_{i=1}^{n} (x_i - \bar{x})^2$ 为定值。对 y_1 来说，$\dfrac{x_1 - \bar{x}}{\sum_{i=1}^{n} (x_i - \bar{x})^2}$ 为一常

数 c_1。同理，对 y_i 来说，$\dfrac{x_i - \bar{x}}{\sum_{i=1}^{n} (x_i - \bar{x})^2}$ 也是一常数 c_i（$i = 1 \sim n$）。

这说明式（53）表示 $\hat{a}$ 是 y_i 的线性组合，即：

$$\hat{a} = c_1 y_1 + c_2 y_2 + \cdots\cdots + c_n y_n = \sum_{i=1}^{n} c_i y_i$$

由于 y_i 是随机变量，所以 $\hat{a}$ 也是随机变量。

现由式（53）求 $\hat{a}$ 的方差。由于式（53）中 x_i、y_i 是互相独立的观测值，由误差传递定律式（11）得：

$$D(\hat{a}) = \sum_{i=1}^{n} \left[\frac{(x_i - \bar{x})}{\sum_{i=1}^{n} (x_i - \bar{x})^2} \right]^2 D(y_i) = \frac{\sigma^2}{\sum_{i=1}^{n} (x_i - \bar{x})^2} \tag{54}$$

由式（47）及式（46）得：

$$\hat{b} = \bar{y} - \hat{a}\,\bar{x} = \bar{y} - \frac{\bar{x}\sum\limits_{i=1}^{n}(x_i - \bar{x})(y_i - \bar{y})}{\sum\limits_{i=1}^{n}(x_i - \bar{x})^2}$$

由于 $\bar{x}$ 及 $\bar{y}$ 为定值，所以 $\hat{b}$ 也是 y_i 的线性组合，即 $\hat{b}$ 也是一随机变量。

$$\hat{b} = \bar{y} - \bar{x}(c_1 y_1 + c_2 y_2 + \cdots\cdots + c_n y_n) = \bar{y} - \bar{x}\sum_{i=1}^{n} c_i y_i$$

现求 $\hat{b}$ 的方差：

由式（52）有 $\quad D(y_i) = D(\varepsilon_i) = \sigma^2$

即 $\quad D(y_1) = D(y_2)\cdots\cdots = D(y_n) = \sigma^2$

由式（47）有 $\quad \hat{b} = \bar{y} - \hat{a}\,\bar{x} = \sum\limits_{i=1}^{n}\dfrac{y_i}{n} - \hat{a}\,\bar{x}$

根据误差传递定律，得：

$$D(\hat{b}) = \sum_{i=1}^{n}\left(\frac{1}{n}\right)^2 D(y_i) + (\bar{x})^2 D(\hat{a})，\text{并以式（54）代入得：}$$

$$D(\hat{b}) = \frac{1}{n^2}\sum_{i=1}^{n}\sigma^2 + (\bar{x})^2 \frac{\sigma^2}{\sum\limits_{i=1}^{n}(x_i - \bar{x})^2} = \frac{1}{n^2}(n\sigma^2) + \frac{(\bar{x})^2 \sigma^2}{\sum\limits_{i=1}^{n}(x_i - \bar{x})^2}$$

$$= \left[\frac{1}{n} + \frac{(\bar{x})^2}{\sum\limits_{i=1}^{n}(x_i - \bar{x})^2}\right]\sigma^2 \tag{55}$$

由式（54）可见回归系数 $\hat{a}$ 不仅与随机误差的方差 σ^2 有关，还与自变量 x 取值的离散程度有关，如果 x 的取值比较分散，x 的波动较大，即 $\sum\limits_{i=1}^{n}(x_i - \bar{x})^2$ 较大。则 $\hat{a}$ 的波动较小，$\hat{a}$ 的估计值就比较稳定。反之，如果原始观测值 x 是在一个较小的范围内取值，则这个 $\hat{a}$ 的估计值可认为不够准确。

由式（55）可知，回归常数 $\hat{b}$ 的方差不仅与随机误差的方差 σ^2 和自变量 x 的取值离散程度有关，而且与样本的个数 n 有关。n 越大，$D(\hat{b})$ 越小。

【例18】 以例17的数据，计算σ^2、$D(\hat{a})$、$D(\hat{b})$。

【解】 由例17的（B）式得，$\hat{T} = 0.694c + 2.199$（即$\hat{y} = \hat{a}x_i + \hat{b}$），按例17中的数据将计算结果列表如下：

i	1	2	3	4	5	6	7	8	9	10
x_i (c_i)	0	3.0	5.0	8.0	10.0	12.0	13.0	14.0	15.0	18.0
y_i (T_i)	2.5	4.0	6.0	7.0	10.0	9.5	11.5	12.0	12.5	15.0
$\hat{y}$ ($\hat{T}$)	2.199	4.281	5.669	7.751	9.139	10.527	11.221	11.915	12.609	14.691
$y_i - \hat{y}$	0.301	-0.281	0.331	-0.751	0.861	-1.027	0.279	0.085	-0.109	0.309
$(y_i - \hat{y})^2$	0.091	0.079	0.110	0.564	0.741	1.055	0.078	0.007	0.012	0.095

由上表得：$\displaystyle\sum_{i=1}^{10}(y_i - \hat{y})^2 = 2.832, n = 10$

由式（52A）得：$\sigma^2 = \dfrac{1}{n-2}\displaystyle\sum_{i=1}^{n}(y_i - \hat{y})^2 = \dfrac{1}{8} \times 2.832 = 0.354$

由例17中数据得：$\bar{x} = 9.8, \displaystyle\sum_{i=1}^{10}(x_i - \bar{x})^2 = 295.6$

由式（54）得$\hat{a}$的方差：$D(\hat{a}) = \dfrac{\sigma^2}{\displaystyle\sum_{i=1}^{n}(x_i - \bar{x})^2} = \dfrac{0.354}{295.6}$
$$= 0.0012$$

由式（55）得$\hat{b}$的方差：

$$D(\hat{b}) = \left[\frac{1}{n} + \frac{(\bar{x})^2}{\displaystyle\sum_{i=1}^{n}(x_i - \bar{x})^2}\right]\sigma^2 = \left[\frac{1}{10} + \frac{9.8^2}{295.6}\right] \times 0.354 = 0.15$$

（4）$\hat{a}$与$\hat{b}$的协方差和相关系数

前已说明$\hat{a}$及$\hat{b}$都是随机变量，都有各自的数学期望和方差。$E(\hat{a})$、$E(\hat{b})$只反映各自的最佳估计值，而$D(\hat{a})$、$D(\hat{b})$则反映各自离开最佳估计值的偏离程度。那么$\hat{a}$与$\hat{b}$之间的关系则需用$\hat{a}$与$\hat{b}$的协方差来描述。

$$\mathrm{cov}(\hat{a}, \hat{b}) = E\{[\hat{a} - E(\hat{a})][\hat{b} - E(\hat{b})]\}$$

由于 $\hat{a}$ 及 $\hat{b}$ 是在同一方程 $\hat{y} = \hat{a}x + \hat{b}$ 之中，所以 $\hat{a}$ 与 $\hat{b}$ 存在某种相关关系。

前已说明，$\hat{a}$ 与 $\hat{b}$ 都是随机变量，由回归方程算出的 y 值也必然是随机变量，即 $y = f(\hat{a}, \hat{b})$。根据误差传播定律，得：

$$D(y) = \left(\frac{\partial y}{\partial \hat{a}}\right)^2 D(\hat{a}) + \left(\frac{\partial y}{\partial \hat{b}}\right)^2 D(\hat{b}) + 2\sum_{i=1}^{n-1}\sum_{i=1}^{n}\left(\frac{\partial y}{\partial \hat{a}}\right)\left(\frac{\partial y}{\partial \hat{b}}\right)E\{[\hat{a} - E(\hat{a})]$$
$$[\hat{b} - E(\hat{b})]\}$$

$$= \left(\frac{\partial y}{\partial \hat{a}}\right)^2 D(\hat{a}) + \left(\frac{\partial y}{\partial \hat{b}}\right)^2 D(\hat{b}) + 2\left(\frac{\partial y}{\partial \hat{a}}\right)\left(\frac{\partial y}{\partial \hat{b}}\right)\text{cov}(\hat{a}, \hat{b}) \quad (56)$$

根据数理统计学中柯西－许瓦兹不等式：

$$|\text{cov}(\hat{a}, \hat{b})| \leqslant \sqrt{D(\hat{a})}\sqrt{D(\hat{b})}$$

令　$r = \dfrac{\text{cov}(\hat{a}, \hat{b})}{\sqrt{D(\hat{a})}\sqrt{D(\hat{b})}}$ 称为相关系数，参照式（48A）知：

当 $r = 0$ 时，说明 $\hat{a}$ 与 $\hat{b}$ 不相关；$r = 1$ 时，说明 $\hat{a}$ 与 $\hat{b}$ 完全正相关；$r = -1$ 时，说明 $\hat{a}$ 与 $\hat{b}$ 完全负相关。

注意到不论样本的个数 n 的大小如何，如果取 m 组样本，也不论各组的 $\hat{a}$、$\hat{b}$ 值各不相同，在 $(\bar{x}, \bar{y})$ 点都存在 $\hat{y} = \hat{a}x + \hat{b}$，即：$\hat{b} = \bar{y} - \hat{a}\bar{x}$。

对每一样本来说，该样本的 $\bar{x}$ 和 $\bar{y}$ 都是定值，所以 $\hat{a}$ 与 $\hat{b}$ 成为负相关，为使 $D(\hat{b})$ 计算结果最准确，现取 $n \to \infty$，由式（55）得 $D(\hat{b}) = \dfrac{(\bar{x})^2\sigma^2}{\sum\limits_{i=1}^{n}(x_i - \bar{x})^2}$。

当 $n \to \infty$ 时，而且 $E(\varepsilon_i) = 0$，即 $\hat{y} = \hat{a}x + \hat{b}$ 成一函数关系的直线，在 $(\bar{x}, \bar{y})$ 点处 $\hat{a}$ 与 $\hat{b}$ 成为完全负相关，即 $r = -1$。

现 $D(\hat{b}) = \lim\limits_{n\to\infty}\left[\dfrac{1}{n} + \dfrac{(\bar{x})^2}{\sum\limits_{i=1}^{n}(x_i - \bar{x})^2}\right]\sigma^2 = \left[\dfrac{(\bar{x})^2}{\sum\limits_{i=1}^{n}(x_i - \bar{x})^2}\right]\sigma^2$

因　$r = \dfrac{\text{cov}(\hat{a}, \hat{b})}{\sqrt{D(\hat{a})}\sqrt{D(\hat{b})}} = -1$

所以 $\mathrm{cov}(\hat{a},\hat{b}) = -\sqrt{D(\hat{a})}\sqrt{D(\hat{b})} = -\sqrt{\left[\dfrac{\sigma^2}{\displaystyle\sum_{i=1}^{n}(x_i-\bar{x})^2}\right]\left[\dfrac{(\bar{x})^2\sigma^2}{\displaystyle\sum_{i=1}^{n}(x_i-\bar{x})^2}\right]}$

$$= -\dfrac{\bar{x}\sigma^2}{\displaystyle\sum_{i=1}^{n}(x_i-\bar{x})^2} \tag{57}$$

（5）输入确定值 y_0，由回归方程算出相应 x_0 值的方差

前已说明，在仪器分析法中，由 n 个样本的实测值 (x_i,y_i) $(i=1\sim n)$ 建立一元线性回归方程 $\hat{y} = \hat{a}x + \hat{b}$。现以某待测的空气气样吸收液，在分光光度计上测定其吸光度 $y_0 = T_0$，y_0 是一个确定值，然后以 y_0 值代入回归方程，算出 $x_0 = \dfrac{y_0-\hat{b}}{\hat{a}} = c_0$（甲醛浓度）。这个 x_0 则是一个随机变量，为此应计算其方差如下：

因 $x_0 = \dfrac{y_0-\hat{b}}{\hat{a}}$，并令 $S_{xx} = \displaystyle\sum_{i=1}^{n}(x_i-\bar{x})^2$

根据误差传播定律，有：

$$D(x_0) = \left(\dfrac{\partial x_0}{\partial \hat{a}}\right)^2 D(\hat{a}) + \left(\dfrac{\partial x_0}{\partial \hat{b}}\right)^2 D(\hat{b}) + 2\left(\dfrac{\partial x_0}{\partial \hat{a}}\right)\left(\dfrac{\partial x_0}{\partial \hat{b}}\right)\mathrm{cov}(\hat{a},\hat{b})$$

以 $\dfrac{\partial x_0}{\partial \hat{a}} = -(y_0-\hat{b})\dfrac{1}{(\hat{a})^2}$；$\dfrac{\partial x_0}{\partial \hat{b}} = -\dfrac{1}{\hat{a}}$；由式（54）$D(\hat{a}) = \dfrac{\sigma^2}{s_{xx}}$；

由式（55）$D(\hat{b}) = \left[\dfrac{1}{n} + \dfrac{(\bar{x})^2}{s_{xx}}\right]\sigma$；由式（57）$\mathrm{cov}(\hat{a},\hat{b}) = -\dfrac{\bar{x}\sigma^2}{s_{xx}}$；将以上各式代入 $D(x_0)$ 式得：

$$D(x_0) = \left[-\dfrac{1}{(\hat{a})^2}(y_0-\hat{b})\right]^2\left(\dfrac{\sigma^2}{s_{xx}}\right) + \left(-\dfrac{1}{\hat{a}}\right)^2\left(\dfrac{1}{n}+\dfrac{(\bar{x})^2}{s_{xx}}\right)\sigma^2$$

$$+ 2\left[-\dfrac{1}{(\hat{a})^2}(y_0-\hat{b})\right]\left(-\dfrac{1}{\hat{a}}\right)\left(-\dfrac{\bar{x}}{s_{xx}}\right)\sigma^2$$

再以 $\bar{x} = \dfrac{\bar{y}-\hat{b}}{\hat{a}}$ 代入上式得：

$$D(x_0) = \frac{\sigma^2}{(\hat{a})^2}\Big[\frac{1}{n} + \frac{(y_0 - \hat{b})^2 - 2(y_0 - \hat{b})(\bar{y} - \hat{b}) + (\bar{y} - \hat{b})^2}{(\hat{a})^2 S_{xx}}\Big]$$

$$= \frac{\sigma^2}{(\hat{a})^2}\Big[\frac{1}{n} + \frac{(y_0 - \bar{y})^2}{(\hat{a})^2 S_{xx}}\Big]$$

$$= \frac{\sigma^2}{(\hat{a})^2}\Big[\frac{1}{n} + \frac{(y_0 - \bar{y})^2}{(\hat{a})^2 \sum\limits_{i=1}^{n}(x_i - \bar{x})^2}\Big]$$

$$= \frac{1}{(\hat{a})^2}\Big[\frac{1}{n-2}\sum\limits_{i=1}^{n}(y_i - \hat{y})^2\Big]\Big[\frac{1}{n} + \frac{(y_0 - \bar{y})^2}{(\hat{a})^2 \sum\limits_{i=1}^{n}(x_i - \bar{x})^2}\Big] \quad (58)$$

式（58）表明，要使计算出的 x_0 较为准确，建立回归方程时，观测的样本个数 n 要多。输入的 x_i 值要离散，使 $\sum\limits_{i=1}^{n}(x_i - \bar{x})^2$ 较大，而且输入值 y_0 要接近 $\bar{y}$ 值。

【例19】以例18及例17的数据，另一待测试剂的吸光度 $T_0 = 9.5$，由所建立回归方程算出相应浓度 $c_0 = 10.52$，试计算 c_0 的方差。

【解】由例17已算得 $\bar{y} = 9$，$n = 10$，$\hat{a} = 0.694$，$\sum\limits_{i=1}^{n}(x_i - \bar{x})^2 = 295.6$。在例18中已算得 $\sigma^2 = 0.354$。现 $y_0 = T_0 = 9.5$，将以上数据代入式（58）得：

$$D(x_0) = D(c_0) = \frac{0.354}{(0.694)^2}\Big[\frac{1}{10} + \frac{(9.5 - 9)^2}{(0.694)^2 \times 295.6}\Big] = 0.0748$$

【例20】如 $y_0 = 3$，6，7，8，9。请计算相应的浓度及其方差。

【解】由例17的回归方程 $\hat{T} = 0.694c + 2.199$，输入 $y_0 = T$，算出相应的 $c_0 = c$，再由式（58）算出 c_0 的方差 $D(c_0)$。计算结果列表如下：

y_0	3	6	7	8	$9 = \bar{y}$	9.5
c_0	1.154	5.477	6.918	8.359	$9.8 = \bar{c}$	10.52
$D(c_0)$	0.2594	0.12	0.0941	0.0787	0.0735	0.0748
$\dfrac{D(c_0)}{D(\bar{c})}$	3.529	1.633	1.280	1.071	1	1.018

由上表计算结果可见，当输入值 $y_0 = \bar{y}$ 时，相应 $c_0 = \bar{c}$ 的方差 $D(c_0)$ 最小，即算出的 c_0 值最为准确。如 y_0 偏离 $\bar{y}$ 愈大，则相应的 $D(c_0)$ 愈大，算出的 c_0 愈不准确。那么建立一元线性回归方程时，如何控制 (x_i, y_i) 的实测值，使输入值 y_0 能算出较准确的 x_0 值？这将在下面讨论。

2. 回归分析计算结果的不确定度

（1） x_0 的方差 $D(x_0)$

输入确定值 y_0 后，从式（58）可算出 x_0 的方差 $D(x_0)$。

（2） x_0 的实验标准差 $s(x_0)$

$$s(x_0) = \sqrt{D(x_0)} = \frac{\sigma}{\hat{a}} \sqrt{\left[\frac{1}{n} + \frac{(y_0 - \bar{y})^2}{(\hat{a})^2 \sum_{i=1}^{n}(x_i - \bar{x})^2} \right]} \qquad (59)$$

（3） x_0 的标准不确定度 $u(x_0)$

现忽略所用的分光光度计的校准源不确定度， $u(x_0)$ 可认为就等于实验标准差 $s(x_0)$。当建立回归方程，所用观测的样本个数 n 足够大时，随机变量 x_0 可认为按正态分布。于是， x_0 的扩展不确定度为 $U_{95}(x_0) = 2u_c(x_0)$， $k_p = 2$，置信概率为 95%。

（4）建立回归方程时，应如何确定 $\bar{y}$（或 $\bar{x}$），使检测结果较为准确？根据有关规范，已知待检测的污染物的允许浓度为 c_k（即以 c_k 为标准来判断污染物浓度是否超标）。在输入独立观测值 $(x_i, y_i)(i = 1 \sim n)$ 以建立回归方程时，应使各输入值的 x_i（$i = 1 \sim n$）的平均值 $\bar{x} = c_k$。而且要以 $y_0 = \bar{y}$ 的确定值输入回归方程计算相应的 x_0 值。这样算出的相应 $x_0 = \bar{x} = x_k$ 的标准不确定度 $u(x_0)$ 才为最小。由式（59）得：

$$u(x_0) = u(c_k) = \frac{\sigma}{\hat{a}\sqrt{n}} \qquad (60)$$

在这种情况下， x_0 是以 $x_0 = c_k$ 为中心，以 95% 的置信概率分散在 $[-2u(c_k), +2u(c_k)]$ 的区间中。即使 $x_0 = c_k$，也还不能认为污染物没有超标，因为污染物超标的概率仍然有 $\dfrac{95\%}{2}$

$=47.5\%$。注意到 x_0 的可能最小值为 $c_k{}' = c_k - 2u(c_k)$，其概率为 47.5%。$c_k{}'$ 成为考虑不确定度后，提高了该污染物允许浓度的标准。

（5）空气中污染物浓度没有超标的判断

现实际观测值 $y_0 \neq \bar{y}$，由所建立的回归方程 $y_0 = \hat{a}c_0 + \hat{b}$ 算得空气中污染物的浓度：

$$c_0 = \frac{y_0 - \hat{b}}{\hat{a}}$$

而 c_0 的标准不确定度可由式（59）算出 $u(c_0)$。同理，c_0 也是以 c_0 为中心，以 95% 的置信概率分散在 $[-2u(c_0), +2u(c_0)]$ 的区间中。c_0 的可能最大值 $c_0{}' = c_0 + 2u(c_0)$ 的概率为 47.5%。因此，空气中污染物没有超标的判断标准是：

$c_0{}' \leqslant c_k{}'$ 即 $c_0 + 2u(c_0) \leqslant c_k - 2u(c_k)$

或 $c_0 \leqslant c_k - 2u(c_k) - 2u(c_0)$，其置信概率才达 $47.5\% +$
$47.5\% = 95\%$ 　　　　　　　　　　　　　　　　　　　　　（60A）

可见，引用不确定度后，污染物没有超标的判断标准比以 $c_0 = c_k$ 作为没有超标的标准要严格得多。

【例21】用例20数据，设污染物的允许浓度为 $c_k = 9.8$，试计算当观测值 $y_0 = 8.25$，相应的 $c_0 = 8.719$ 时，污染物的浓度 c_0 是否超标。

【解】在例20中已算出 $c_k = 9.8$ 时，$D(c_k) = 0.0735$，于是 $u(c_k) = \sqrt{D(c_k)} = \sqrt{0.0735} = 0.271$。如不考虑分光光度计的校准源不确定度，则有：$u_c(c_k) \approx u(c_k) = 0.271$。

因此 $c_k - 2u(c_k) = 9.8 - 2 \times 0.271 = 9.258 \approx 9.26$。而 $y_0 = 8.25$，相应的 $c_0 = 8.719$，由式（58）算出：

$$D(c_0) = \frac{\sigma^2}{(\hat{a})^2}\left[\frac{1}{n} + \frac{(y_0 - \bar{y})^2}{(\hat{a})^2 \sum_{i=1}^{n}(x_i - \bar{x})^2}\right] = \frac{0.354}{(0.694)^2}(0.1 + 0.00555)$$

$$= 0.0739$$

$$u(c_0) = \sqrt{D(c_0)} = \sqrt{0.0739} = 0.272$$

$c_0 + 2u(c_0) = 8.719 + 2 \times 0.272 = 9.263 \approx 9.26$

即 $c_0 + 2u(c_0) > c_k - 2u(c_k)$。

当观测值 $y_0 = T_0 = 8.25$，相应的 $c_0 = 8.719$ 时，污染物浓度略有超标，其置信概率为 95%。即不能认为 $c_0 = c_k = 9.8$ 时，污染物浓度就没有超标。

本 章 小 结

1. 以独立的观测值 (x_1, y_1)，(x_2, y_2)，……，(x_n, y_n)，用最小二乘法建立线性回归方程 $\hat{y} = \hat{a}x + \hat{b}$ 之后，还要计算 x_i 与 y_i 之间的相关系数 r 及其显著性检验。

$$r = \frac{\sum_{i=1}^{n} [(x_i - \bar{x})(y_i - \bar{y})]}{\left[\sqrt{\sum_{i=1}^{n} (x_i - \bar{x})^2} \sqrt{\sum_{i=1}^{n} (y_i - \bar{y})^2} \right]}$$

式中 $\bar{x} = \sum_{i=1}^{n} \frac{x_i}{n}$，$\bar{y} = \sum_{i=1}^{n} \frac{y_i}{n}$。

r 大于达到显著时的最小 r_0 时，才表明各独立观测值中的 x_i 与 y_i 相关显著，所建立的回归方程可用于实际计算。

2. 当另一新的确定观测值 y_0 输入线性回归方程，算得的 x_0 是一随机变量，$x_0 = \frac{y_0}{\hat{a}} - \frac{\hat{b}}{\hat{a}}$，式中 $\hat{a}$ 及 $\hat{b}$ 是相关的随机变量。

3. 在回归分析法中，为使算得的 x_0 值较为准确，在输入独立观测值 $(x_i, y_i)(i = 1 \sim n)$ 建立回归方程时，应使 $\bar{x}$ 等于待检测的污染物的允许浓度 c_k。这样求得的 $x_0 = c_k$ 的不确定度 $u(c_k)$ 为最小，$u(c_k) = \frac{\sigma}{\hat{a}\sqrt{n}}$。

将空气气样吸收液，在分光光度计上测得的吸光度 y_0 值输入回归方程，求得 $x_0 = c_0$，而 c_0 的不确定度为：

$$u(c_0) = s(c_0) = \frac{\sigma}{\hat{a}} \sqrt{\left[\frac{1}{n} + \frac{(y_0 - \bar{y})^2}{\hat{a}^2 \sum\limits_{i=1}^{n} (x_1 - \bar{x})^2} \right]}$$

只有当 $c_0 \leqslant c_k - 2u(c_k) - 2u(c_0)$ 时，污染物的浓度才没有超标，其置信概率为 95%。

习 题 二

1. 对同一验收批的钢筋，如抽检两根测得其性能均为合格，为什么还要判断这两根钢筋的材质有无差异？

2. 试由测量砌筑砂浆试块抗压强度的数学模型 $f_{cu} = \dfrac{F}{ab}$ 推导出 f_{cu} 的相对合成标准不确定度的计算式

$$\frac{u(f_{cu})}{f_{cu}} = \sqrt{\left[\frac{u_c(F)}{F} \right]^2 + \left[\frac{u_c(a)}{a} \right]^2 + \left[\frac{u_c(b)}{b} \right]^2}$$ 。

3. 测量矩形截面的试件（如砂浆试块）的 a 和 b 的尺寸时，可否用同一游标卡尺？

4. 试简要地阐明 $\hat{y} = \hat{a}x + \hat{b}$ 中 $\hat{a}$ 及 $\hat{b}$ 都是随机变量。

5. 《民用建筑室内环境污染控制规范》GB 50325—2010 规定室内空气中甲醛不超标的浓度为 $c_k \leqslant 0.08\,\text{mg/m}^3$。那么，配置甲醛-酚标准溶液中相当于甲醛的浓度 c_i 应为多少 mg/m^3？试管数 n 应为多少？

6. 将甲醛-酚试剂标准溶液在分光光度计下测得各试管的吸光度如下：

试管号 i	1	2	3	4	5	6	7	8	9
标准溶液的甲醛浓度 c_i（mg/m^3）	0	0.02	0.04	0.06	0.08	0.10	0.12	0.14	0.16
吸光度 T_i	0.029	0.042	0.043	0.056	0.058	0.071	0.074	0.087	0.089

（1）试将上述测得值（c_i，T_i）拟合成回归直线方程 $\hat{T} = \hat{a}x + \hat{b}$。

（2）如测得的室内空气中甲醛浓度 $c_0 = 0.06\text{mg/m}^3$ 及 $c_0 = 0.07\text{mg/m}^3$，问室内污染是否超标？

习题二参考答案

1. 虽然这两根钢筋性能均合格，但它们的材质有差异，那就可能有质量不合格的钢筋混杂在验收批中。材质有差异表明生产该钢筋的厂家生产质量不稳定，有时质量高，有时质量低。

2. $f_{cu} = \dfrac{F}{ab} = Fa^{-1}b^{-1} = F^{p_1}a^{p_2}b^{p_3}$ 即 $p_1 = 1$，$p_2 = -1$，$p_3 = -1$，由间接测量的相对合成标准不确定度公式得：

$$\frac{u(f_{cu})}{f_{cu}} = \sqrt{p_1^2\left[\frac{u_c(F)}{F}\right]^2 + p_2^2\left[\frac{u_c(a)}{a}\right]^2 + p_3^2\left[\frac{u_c(b)}{b}\right]^2}$$

$$= \sqrt{\left[\frac{u_c(F)}{F}\right]^2 + \left[\frac{u_c(a)}{a}\right]^2 + \left[\frac{u_c(b)}{b}\right]^2}。$$

3. 不可。因为如用同一卡尺，则不能保证 a 与 b 是完全互不相关的独立变量，就不适用于输入量为完全互不相关的误差传播定律。

4. 在输入一组观测值 (x_1, y_1)，(x_2, y_2)，……，(x_n, y_n)，用最小二乘法拟合回归直线方程 $\hat{y} = \hat{a}x + \hat{b}$ 时，如观测值 x 的取值范围扩大或缩小，或观测值的组数 n 增多或减少，则 $\hat{a}$ 值或 $\hat{b}$ 值也都会随之发生变化。这就表明 $\hat{a}$、$\hat{b}$ 不是固定值而是随机变量。

5. 标准溶液中相当于甲醛的浓度 c_i（mg/m^3）应为：0；0.02；0.04；0.06；0.08；0.10；0.12；0.14；0.16。试管数 $n = 9$。

6.（1）用式（46）算出 $\hat{a}$，用式（47）算出 $\hat{b}$。

（2）用式（54）算出 $D(\hat{a})$，用式（55）算出 $D(\hat{b})$，用

式（60）算出 u（c_k），用式（58）及式（59）算出 $s(c_0) = u(c_0)$。

如 $c_0 \leqslant c_k - 2u(c_k) - 2u(c_0)$，则空气污染没有超标，详细计算步骤可参阅例 17 例 18 至例 21。计算结果表明，$c_0 = 0.06\text{mg/m}^3$ 时，空气污染没有超标；但 $c_0 = 0.07\text{mg/m}^3$ 时，则污染超标。

附　录

术语索引（不含目录中已有的术语）

类　　别	章-节-段	类　　别	章-节-段
B		Q	
包含因子	3-2-1	砌筑砂浆材质离散性	6-3-4
被测定的量	1-2-4	S	
C		实验标准差	2-3-3
测量结果	1-2-5	随机误差	2-1-2
测量结果的数值修约	3-2-4	随机误差的正态分布	2-4-1
粗差的判别	2-4-2	随机误差的矩形分布	2-4-3
F		X	
方差	2-3-3	系统误差	2-1-2
H		相对标准不确定度	3-2-1
合成标准不确定度	3-2-1	相对误差	2-1-1
回归系数	8-1-2	相关系数	8-1-3、8-2-1
J		协方差	8-2-1
间接测量	2-5-1	Z	
K		置信水平	3-2-1
扩展不确定度	3-2-1（5）	置信概率	3-2-1
空气中污染物没有超标的判断	8-2-2-(5)	置信区间	3-2-1
		自由度	3-2-2
L			
理论标准差	2-3-3		

计算不确定度常引用的公式汇总

序号	公式及其名称	公式号	所在章节
1	作为标准不确定度 B 类评定依据之一的实验标准差，即贝塞尔公式：$$s(X_i) = \sqrt{\dfrac{\sum_{i=1}^{n}(X_i - \overline{X})^2}{n-1}}$$	（6）	2-3-3
2	作为合成标准不确定度有贡献的分量之一，按误差传播定律计入合成标准不确定度中的矩形分布的标准差公式：$$s(X)\ \dfrac{a}{\sqrt{3}} \quad （式中 a 为最大误差）$$	（8）	2-4-3
3	计算各种间接测量量数学模型输出量的合成标准不确定度的误差传播定律：$$s_Z = \sqrt{\left(\dfrac{\partial f}{\partial X_1}\right)^2 S_{X1}^2 + \left(\dfrac{\partial f}{\partial X_2}\right)^2 S_{X2}^2 + \cdots\cdots + \left(\dfrac{\partial f}{\partial X_n}\right)^2 S_{Xn}^2}$$ 式中 $\left(\dfrac{\partial f}{\partial X_1}\right)$，$\left(\dfrac{\partial f}{\partial X_2}\right)$，……，$\left(\dfrac{\partial f}{\partial X_n}\right)$ 为灵敏系数，S_{x1}，s_{x2}，……，S_{xn} 分别为 X_1，X_2，……，X_n 的标准差。	（11）	2-5-1
4	用 A 类评定方法时，计算测得值的标准不确定度的算术平均值标准差公式：$$s(\overline{X}) = \sqrt{\dfrac{\sum_{i=1}^{n}(X_i - \overline{X})^2}{n(n-1)}}$$	（12）	2-5-2
5	由各互不相关的对标准不确定度有贡献分量计算合成标准不确定度的公式：$$u_c(X) = \sqrt{[u_1(X)]^2 + [u_2(X)]^2 + \cdots\cdots + [u_m(X)]^2}$$	（13）	3-2-1
6	便捷地计算指数型函数输出量的相对标准不确定度公式：$$\dfrac{u(Z)}{Z} = \sqrt{p_1^2\left[\dfrac{u(X_1)}{X_1}\right]^2 + p_2^2\left[\dfrac{u(X_2)}{X_2}\right]^2 + \cdots\cdots + p_n^2\left[\dfrac{u(X_n)}{X_n}\right]^2}$$	（16）	3-2-3

100

参考文献

［1］ 国家质量技术监督局计量司．测量不确定度评定与表示指南．北京：
中国计量出版社，2000.

［2］ ISO/TAG4/WG3. Guide to the Expression of Uncertainty in Measurement,
corrected and reprinted，1995．

［3］ 中国计量科学研究院．JJF1059-1999 测量不确定度评定与表示．北京：
中国计量出版社，1999.

［4］ 刘智敏．实验室认可中的不确定度和统计分析．北京：中国标准出版
社，2007.

［5］ 刘乐平，段五朵．概率论与数理统计．南昌：江西高校出版社，2000.

［6］ 沙定国等．误差分析与测量不确定度评定．北京：中国计量出版
社，2003.

［7］ 倪育才．实用测量不确定度评定（第二版）．北京：中国计量出版
社，2007.

［8］ 耿维明．测量误差与不确定度评定．北京：中国质检出版社，2011.

［9］ 费业泰等．误差理论与数据处理（第六版）．北京：机械工业出版
社，2010.

［10］ 林洪桦．测量误差与不确定度评估．北京：机械工业出版社，2010.

［11］ 何晓群，刘文卿．应用回归分析（第二版）．北京：中国人民大学出
版社，2007.